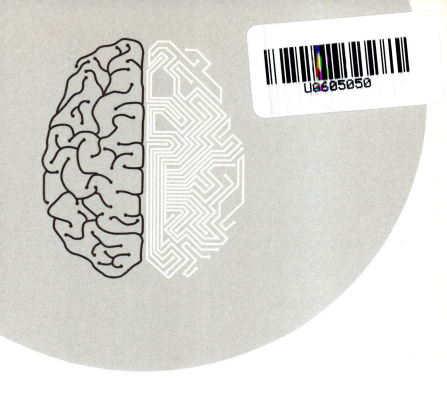

后 人 类 社 会

罗保林　编著

蓝色的
梦幻丛书

科学普及出版社
· 北 京 ·

图书在版编目（CIP）数据

后人类社会 / 罗保林编著. -- 北京 ： 科学普及出
版社，2018.6
（蓝色的梦幻 / 汤寿根主编）
ISBN 978-7-110-09805-9

Ⅰ．①后… Ⅱ．①罗… Ⅲ．①人类进化－普及读物
Ⅳ．①Q981.1-49

中国版本图书馆CIP数据核字（2018）第085585号

策划编辑	杨虚杰
责任编辑	杨虚杰　田文芳
图片设计	阿　锋
封面设计	林海波
责任校对	杨京华
责任印制	马宇晨

出　　版	科学普及出版社
发　　行	中国科学技术出版社发行部
地　　址	北京市海淀区中关村南大街16号
邮　　编	100081
发行电话	010—62173865
传　　真	010—62179148
投稿电话	010—62103347
网　　址	http://www.cspbooks.com.cn

开　　本	787mm×1092mm　1/16
字　　数	108 千字
印　　张	11
版　　次	2018年6月第1版
印　　次	2018年6月第1次印刷
印　　刷	北京博海升彩色印刷有限公司

书　　号	ISBN 978-7-110-09805-9/Q・235
定　　价	48.00元

丛书编辑委员会

总　　序

　　《蓝色的梦幻》丛书是从自然科学的角度出发，阐述和演绎"生命、人类、社会、宇宙"的未来，力图说明"它们从何处来？又将到何处去？"的问题。

　　《生命的奥秘》《宇宙的探索》《后人类社会》《后信息时代》这四本书，其内容是当前人们至为关心的四大科学问题。

　　35亿年前，生命从海洋中来，从原核生物演化为真核生物；从单细胞真核生物演化为高等多细胞智能生物——人类。今天的人类对外太空、大自然进行了广泛的研究，但对自身的研究却还有许多缺憾。人类的大脑是怎样储存和提取信息的？在量子通信提上日程的时代，"人体科学研究"还会是个"禁区"吗？生物界有蜜蜂的"语言"、候鸟的迁徙，人类究竟有没有"第六感觉"？生命是大自然的产物，能否在实验室里"改造"或者"再生"呢？

　　从人类肉眼观天建立星座到太阳系的发现，从牛顿万有引力定律的发现，到爱因斯坦建立的静态宇宙模型；从哈勃发现第一个河外星系，到现代大爆炸宇宙学的诞生，迄今为止，宇宙有许多奥秘人们还不知晓：例如占宇宙95%的暗物质、暗能量就在太空里游荡。我们看不见它们，可是暗物质却有万有引力，能对可见的物质产生作用！而"暗能量"则让宇宙加速膨胀！2015年人类首次探测到双黑洞碰撞合并产生的引力波，2017年又第一次探测到双中子星合并产生的引力波，并且发现了该引力波的电磁对应体。这些发现，无疑为人类认识宇宙提供了新的宝贵信息。此外，我们展望未来，没有人知道，宇宙是会一直膨胀下去，还是又收缩还原到一个奇点？

人类有"末日"吗？人类在地球上生存了上万年。现在，地球上的总人口有70多亿，再过50年，地球上的人口将达到100多亿，地球陆地上的资源已经养不活人类了！用什么办法来救赎人类呢？科学家曾悲观地预测：地球上化石燃料即将殆尽，生态系统濒临崩溃；生态链遭到毁灭性破坏，正引发一场新的物种大灭绝！地球的"人类世"将会终结，从而进入"后人类社会"。"后人类社会"又将是一幅什么样的图景呢？

当今社会是信息化的社会。我们已经生活在一个以知识和信息为代表的、由0与1组成的数字化世界里。"计算机不再只和计算有关，它决定我们的生存"。那么，在"后信息时代"人们是如何生存的呢？互联网、物联网、云计算、大数据相继上演，一切都信息化了，人们还有隐私吗？人类大脑能否通过技术与网络虚拟世界无缝链接？物理世界与虚拟世界的界限越来越模糊，最终将混为一体，世界将会变成什么样子？

这是一套科学家和科普作家携手合作、共同撰写的丛书。

中国科学院离退休干部工作局、中国科学院老科技工作者协会联合中国科普作家协会，为离退休科研人员持续举办"科普创作培训班"，以发挥他们在科学普及中的作用。科普创作界资深人士普遍称道："这是一个功德无量的创举！"钱学森先生早年就大力提倡科研人员必须兼顾科学普及！他曾谈道："从建设两个高度文明来看，科普是一个非常重要的方面。""科普很重要，应当作为一件大事来干！"；他甚至提倡："无论本科生还是研究生，在提交毕业论文时，应同时递交本专业的科普文章。"

举办科普创作培训班，为撰写高质量的"科学与文学"柜结合的作品，造就了极为有利的条件。科技专家同科普作家可以逐力合作、相互切磋、取长补短、相得益彰。于是，《蓝色的梦幻》丛书应运而生！

这是一套"科学技术与文学艺术"相融合的原创性丛书。

这套丛书的策划思想，简单来说就是："不是科幻，胜似科幻；胜似科幻，缘自科学；缘自科学，梦圆中华；梦圆中华，大同天下""科学家谈科学梦""这是科学的畅想，这是科学的预测""浪漫与现实共舞"。

科学、文学、艺术是推动时代前进的三个齿轮。科学——解读自然奥秘——求真；文学——感悟人生真谛——向善；艺术——颂扬天地神韵——臻美。"科普创作"为大众架起一座通向"真、善、美"的桥梁。对我们科普作家来说，就是以文学艺术的心灵与笔触，诠释与演绎科学技术，运用科学之美感染受众。

这是一套富有文采的科学散文体裁的丛书。

这套丛书的体裁均为"科学散文"。由于散文的结构自由灵活、创作手法多样，最适用于表现科学内容。文学散文的文体特点与写作要领，可以说都适用于科学散文。科学散文不同于文学散文的是：创作的题材是科学技术，内容是普及科技知识、弘扬科学精神、传播科学思想与方法。

散文是"美文"。言之无文，行之不远。丛书作者在叙事的同时，均讲究文采，力求文笔优美；在通俗和准确的基础上，文字鲜明生动、简洁流畅。作者善于以丰富的想象力，融入心灵的感受和人文的求索，综合运用形象思维和逻辑思维来处理尚未认识的事物。科普作品的美感，尤其是科学散文，在很大程度上表现为"语言美"。在整篇结构紧凑的基础上，行文自然、语言明快。

亲爱的读者！让我们一起展开"格物""致知"的双翼，翱翔于《蓝色的梦幻》之中，激发我们的好奇心、求知欲和创造力，共同为建设创新型国家而努力！

中国科学院院士
中国科普作家协会理事长　周忠和

2017年 6 月22日

前　　言

你听说过、想象过"后人类"什么样吗？那些"后人类"生存的社会又将是怎样的呢？常常听说"后工业社会""后……时代"，可这"后人类社会"很可能还真有点不可捉摸吧？

那么，就听我细细叙说，娓娓道来。

1988年有个叫斯蒂夫·尼古拉的外国人最先提出"后人类"的概念，他在《游戏月刊》发表了一篇《后人类宣言》，认为科学技术，尤其是数字通信技术和生物工程技术，已经从根本上改变了传统概念的人，世界已经进入了"后人类"（Post-human）时代。当时，并没有多少人在意这个宣言，大多数人都把它当成玩笑，不以为然。谁曾料想，随着20多年时间的流逝，"后人类"现象却在我们的生活中屡屡显现。

给人类提供了生存空间和资源的地球，是生命的摇篮，是人类生息繁衍的共同家园。地球也是宇宙的奇迹，这个蓝色星球已经存在了 45 亿年，经过40多亿年的漫长演变，地球已经变成一个物种繁多、资源丰富、奇特美丽的星球。

《圣经·创世纪》里写道：神说"我们要照着我们的形象，按着我们的样式造人，使他们管理海里的鱼、空中的鸟、地上的牲畜和全地，以及地上所爬的一切昆虫。"

在无神论者的眼中，这无疑是个神话。但是，无论有无"上帝"授权，人类在地球亿万年发展演化的过程中，终于"脱颖而出"成了地球上的"老大"，这是不争的事实！

于是，人类这个老大确立了"人类中心主义或人本主义"，人类把大自然当作收益来源，当作一种纯粹的功利关系而将之客体化。人类为了自身的发展，为了自身的物质文明和精神享受，不断地绞尽脑汁开发地球，不计后果地掠夺地球资源，在地球上建造人类"穷奢极欲"的享乐世界。

地质学家喜欢给地球的不同时期起名字，比如，二叠纪、第三纪；每个纪又分若干个世，古新世、始新世等就属于第三纪。目前，人类正处于第四纪的"全新世"。鉴于人类活动对地球产生的巨大影响，诺贝尔奖获得者、德国大气化学家保罗·克鲁茨恩建议将我们正在经历的时期称为"人类世"。

无论是否接受这个称谓，人类对地球产生的巨大影响却是无可争辩的事实。人类出现至今只有二三百万年历史，相对于已经存在40多亿年的地球来说，这不过是弹指一挥间。但就是这几百万年，人类的破坏遍及地球每个角落。

人类出现以后，很快就掌控了这个星球并为所欲为。为了人类自身的需要而过度索取资源，不惜破坏亿万年来固有的生态平衡，将地球资源几乎消耗殆尽。为了满足人类日益增长的食物需要，全球一半的谷物用于饲养提供肉类的牲口，生产1千克牛肉就需要消耗1.3万升的水；为了生产纸浆而砍伐原始森林，大量种植快速生长的桉树，抽干了地下的水分，生物的多样性被人为破坏，快速消耗着地球的资源。过去50年，人类对地球的改变，比前面几十万年还要多，令这个美丽的蓝星球千疮百孔：大河断流，资源枯竭；冰川冰冠快速减少，气温上升，气候反常；森林消失，物种灭绝……

人类高度物质文明和高度现代化的发展，带来的是地球环境的大破坏、森林的消失、河流的干涸、土地的贫瘠、气候变化的反复无常；与此同时，也造就了人类自身生存的危机：人口的不断膨胀、粮食和饮水的短缺，使得人类维系自身生存的基本要素难以持续；人类对自然环境的破坏造成了气候变化以及大气质量的恶化；席卷全球的致命病毒等恐怖地吞噬着人类的健康，造成人类死亡率的攀升；类似大型陨石冲撞、火山爆发、气候变化、海平面升降、大气含氧量变化，太阳风和地球磁极变化之类的外来打击，也将置地球与人类于毁灭性的境地……有一些科学家悲观地预测，化石燃料将殆尽，生态系统将崩溃，人类的生存危机已经不再是遥远的神话，地球即将步入"大灭绝时期"，生态链遭到毁灭性破坏，正引发最新一次物种大灭绝，而人类也终将不能幸免！

"人类世"将终结，地球将进入"后人类"时代——目前地球上生存着的人类"灭绝"之后的地球时代。

致谢

中国科普作协常务理事沙锦飞先生参与讨论了本书写作的构思，并审阅初稿，提出了不少精当、有益的修改建议。本书的成稿获益于锦飞先生的指导。作者谨致谢忱！

后人类——环境使然

是再度历经生物演化的地球产生新的智慧物种"后人类",还是人类利用科技手段,改变自身变幻为"后人类"?

目　　录

第一章

"人类末日"的图景

一份由美国斯坦福大学、普林斯顿大学和伯克利大学研究人员参与的研究结果指出，地球正在步入新一轮的"大灭绝时期"，而人类将率先遭遇灭绝。地球上脊椎动物灭绝率正迅急加速，目前已经达到正常水平的 114 倍①。

这一研究结果与另一所美国名校杜克大学研究人员前一年发表的一份研究报告的内容几乎一致。研究报告的主笔之一杰拉尔多·切巴洛斯（Gerardo Ceballos）说："我们正进入（地球生命）第六次大灭绝时期。"

1. 地球自然环境被极端破坏，人类生存的基本要素难以为继

地球自然环境被破坏，最突出的表现就是森林的消失、河流的干涸和土地的贫瘠，使自然界生物生存的基本要素难以为继，其中包括人的生存。

森林正逐渐离我们远去

人类社会的需求膨胀和工业的急速发展，使森林遭受大量的砍伐和破坏，世界上的森林正以平均每年 4000 平方千米的速度消失。②

地球的绿色屏障——森林的减少，使涵养水源的功能遭到破坏，造成物种的减少和水土的流失，森林对二氧化碳的吸收减少，进而又加剧了温室效应。

森林正逐渐离我们远去

河流干涸、土地贫瘠

森林消失、河流干涸、土地贫瘠，自然界生物生存的基本要素难以为继

　　世界自然基金会（WWF，World Wide Fund for Nature）发布的《世界面临最严重危险的10条河流》的报告中指出，由于受到污染、兴建水坝及气候变暖等问题的影响，世界上的一些主要河流正面临日益严重的干涸危险，10000种淡水生物中有 1/5 绝种或濒危。[③]

这 10 条大河包括亚洲的湄公河、怒江、长江、恒河和印度河，欧洲的多瑙河，南美洲的拉普拉塔河，北美洲的格兰德河，非洲的尼罗河和维多利亚湖，澳大利亚的墨累河及其支流达令河。居住在这些河流流域的人口占全球人口总数的 41%，河流是人类淡水的主要来源，河流的干涸使得这些河流水量日益减少，人类面临严重的淡水供应危机。

有报道称，由于大规模的经济和工业发展，中国的长江正面临史无前例的严重污染。过去50年来，中国全部工业废料及污水几近一半排入长江，污水、工业废料及轮船排放物，令长江的污染程度加剧七成，在全球最大水利工程的三峡大坝内，水库底部充斥各种垃圾，船只污水，猪及其他动物的排泄物，工厂、医院及矿场的有毒或辐射性废料，造成严重污染。

由德国发源流经中欧、东南欧最后注入黑海的多瑙河，是欧洲最长、最重要的河流之一，因为建了太多水坝，使该流域 80% 的湿地和漫滩遭到破坏，威胁到河内生物及植物的生态。

在非洲流域面积最大的尼罗河，数千年以来一直是该地区最大的水源，但由于受到全球气候变暖的影响，即使是轻微的温度改变，也足以改变江河水位，到2025 年可能会面临缺水危机。

水是生命不可或缺的物质之一，大量生活垃圾和工业废弃物、污染物的排放，造成河、海水系的污染，导致河流的干涸，人类的生活用水和饮用水不再洁净、安全，直接威胁到生物和人类的生存。

人类活动使近海区的氮和磷增加 50%～200%；过量营养物导致沿海藻类大量生长；海洋污染导致赤潮频繁发生，波罗的海、北海、黑海、中国东海等出现的赤潮，破坏了红树林、珊瑚礁、海草，使近海鱼虾锐减，渔业损失惨重。

海水、河流污染，人类生活用水和饮用水不再洁净、安全

海水污染威胁企鹅生存

土地的贫瘠与荒漠化，加速了人类的生存危机

　　全球陆地面积约为14870万平方千米，而全球荒漠化土地面积有3600万平方千米，沙漠和沙漠化面积占到陆地面积的 24.2%。其中50亿公顷干旱、半干旱土地中已有33亿公顷遭到荒漠化威胁，致使每年有600 万公顷（1公顷＝1万平方米）的农田、900万公顷的牧区失去生产力。人类文明的摇篮底格里斯河、幼发拉底河流域，已由沃土变成荒漠；中国的黄河流域，水土流失也十分严重。每年有 600 万公顷的土地变成沙漠。④

土地的贫瘠与荒漠化生态链遭到毁灭性破坏，正引发最新一次物种大灭绝

　　酸雨导致土壤酸化，破坏土壤的营养，使土壤贫瘠化，危害植物的生长，也加快森林的消失，造成作物减产，威胁到人的生存。

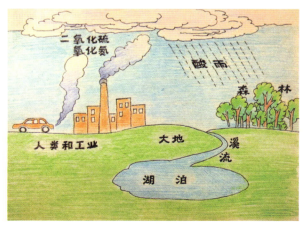

酸雨导致土壤酸化

2. 人口膨胀粮食和饮水极度缺乏，生命的存活难以为继

有限的地球的空间和资源

使地球最终不适合人类居住的原因更多是"人祸"。

大约 200 年前，产业革命爆发，人类发明了各种机器，诞生了工业。正是由这一时期开始，人口数量剧增，亚洲、非洲、南美洲等发展中国家人口急剧增多。尤其是非洲，2000 年仅有 8 亿人口，如今却是 12.27 亿。

距今 400 多年前，世界人口为 4 亿左右，1804 年，全球总人口不超过 10 亿，1927 年增至 20 亿，期间花了 123 年；1959 年增至 30 亿，期间花了 33 年；1974 年增至 40 亿，期间仅花了 15 年。近年来，地球人口的增长速度，约为每 12 年增加 10 亿，美国人口调查局的数据显示全球人口在 2012 年 3 月 12 日突破 70 亿，美国人口普查局国际数据基地预言，2050 年世界人口总数将达到 92.02 亿，联合国人口活动基金会则预言，2100 年全球人口将达 100亿 ~ 150 亿。[5]

全球人口增速越来越快的原因包括生活条件和医疗技术全面改善、生育率上升、婴儿死亡率下降、战争减少及人类平均寿命大幅提升等。目前世界人口有 50% 在 25 岁以下，这种年龄结构属于典型的增长型，它决定人口在今后相当长时期内保持增长势头。

地球人口在今后相当长时期内保持增长势头

人类的发展使地球的资源、能源等正在不断被消耗，人类每年消耗的资源已远远超出了地球所能承受的负荷。世界野生动物基金会预测，到 2030 年，可能需要有两个地球才能承担人类每年消耗的自然资源，而各种可再生资源一年的消耗量需要 18 个月才能恢复。照此下去，2030年全球将有40%的人口缺水。

人口膨胀给地球资源与环境带来的压力，将会实实在在地落到每一个人的身上。你可能无法理解能源短缺对全球经济带来怎样的影响，却可能随时面临城市"电荒"带来的不便；你或许看不到气候变暖如何融化了南极的冰川，却能真实地感受到每天上班路上的拥堵。一些主张可持续发展的人士认为，必须采取有效措施，将地球总人口控制在 80 亿以内，否则地球将面临资源枯竭、环境恶化和食物短缺，最终导致人类和地球同归于尽。

人口对地球和人类社会的压力的与日俱增，导致资源分配不均的问题更加严重。根据世界粮食计划署的数据，如果全球人口都按照瑞士生活方式生活，那么就要有 2.8 个地球才能勉强满足需求。

因此如何抑制少数富国、富人对地球资源的挥霍和浪费，将是这个世界面临的最关键、最迫切的问题。

美国、欧洲、日本等发达国家人口虽然增长缓慢，但工业的发展使资源、能源、食品等的消费量不断增加。而在亚非一些欠发达国家，人口的膨胀导致他们连吃饭问题都难以解决。

在这个关口，每个人又都会前所未有地关心自我的境遇、权利。换言之，人口越多，资源越紧张，对公平的关切也就越强烈。首先是责任担当的公平。具体来说，就是在资源环境的保护及共享上，应该具有天然的平等性。清新的空气与纯净的水源，绝不应允许有"特供"，更不应允许一部分人享受着攫取资源带来的好处，而另一部分人却无辜承担着环境破坏的代价。

非洲饥荒不断 人类末日的魔咒

一群瘦弱的骆驼围坐在一口干涸的水井旁边；一只只皮包骨头的野牛横尸在尘土飞扬的平原上；数以万计的人们拖着疲惫的步伐步行数天寻找食物，眼神中充满着无助，其中有些人觉得等待他们的可能只有死亡。这些场景在非洲以及其他一些贫穷落后的发展中国家，真实存在，不忍卒睹。

2011 年 7 月以来，非洲东北部的"非洲之角"发生 60 年不遇的干旱及连年战争而引起饥荒，位于这一地区的埃塞俄比亚、吉布提、肯尼亚和索马里共有超过 1100 万人受灾。严重的干旱引发可怕的粮食危机，在埃塞俄比亚、肯尼亚、索马里、乌干达和吉布提有近千万人长期面临粮食短缺，超过200万儿童营养不良，生命受到威胁，其中50万儿童处境危急。

多少年来，广袤的非洲大陆给人以贫穷、饥饿、落后的印象。气候变化导致更多的极端天气出现，如旱灾、水灾和飓风。对于许多欠发达国家，例如，肯尼亚，极端天气引发干旱，并导致贫困、苦难和饥饿。

人生活的大前提是必须有一个适宜的自然环境，国际人道主义组织"灾难流行病学研究中心"的报告却显示，20世纪 90 年代，发生在地球上的自然灾害，包括干旱、地震、风暴、洪水等，数量是20世纪80年代的 3 倍，更是 1901 年的 54 倍。

非洲东北部的"非洲之角"发生60年不遇的干旱及连年战争而引起饥荒

黄泥土晒成的饼干

3. 致命性病毒、瘟疫的肆虐，对人体健康和生存带来极度危害

还在20世纪80年代末，各式各样的微小病毒在世界各地出现，这些病毒发生了奇异的变化，并有卷土重来之势。这一现象使病毒学家们感到焦虑不安。而此前 20 年，西方的科学家曾经深信对人类健康的真正威胁，只剩下癌症和心血管疾病了，没有其他生物还会威胁人类。⑥

但是，随后频繁发生并开始在世界范围传播的传染性疾病，正在对人类产生越来越严重的危害，甚至是大量生命的死亡。人类因对健康和生命的担忧，出现普遍的恐慌。这甚至引起了美国白宫、美国国家安全委员会、欧盟领导层、俄罗斯杜马和联合国安理会的关注。

据世界卫生组织的资料，全世界每年死亡的 5200 万人口中，有 1/3 是由传染病造成的。

在人类历史中，瘟疫一直是使人口锐减的最主要原因之一，有时一场瘟疫造成的死亡人数，远大于残酷的战争。1347 年，一场由鼠疫杆菌（*Yesinia pests*）引起的瘟疫几乎摧毁了整个欧洲，有 1/3 的人口（约 2500 万人）死于这场灾难。此后的 80 年间，这种疾病一再肆虐⑦，致使大约 75% 的欧洲人口死于非命，一些历史学家认为，人类与肺结核、麻风、天花等这些令古人谈之色变的"绝症"的生命抗争，就是一部人类与病毒抗争的历史。而如今，这样的抗争还在持续，鼠疫、肺结核、疟疾、霍乱似乎正在"卷土重来"；不断出现的艾滋病（AIDS）、埃博拉出血热、疯牛病、重症急性呼吸综合征（SARS）、禽流感等，疯狂地威胁着人类生命的安全。更为可怕的是病毒还在不断地变异，大部分致病性病菌都具有了耐药

能力，比如一种新的结核病XDR-TB，2006年春首先在南非发现，对各种不同类型的抗生素都具有耐药能力。耐药能力增强的普通病菌，如链球菌、葡萄球菌和梭菌等，也充斥于世界各地的医院。而由于滥用抗生素或使用假抗生素导致了细菌耐药性的增强，产生所谓的"超级细菌"，这些致命的病毒在科技高度发展的今天依然难以攻克。

在外星人和不期而至的陨石来临之前，人类的最大威胁极有可能就是超级细菌，而随着人类滥用抗生素问题的日益严重，超级细菌进化的环境越来越完善，严重威胁人类健康的流行病可能会在不久的将来发生。

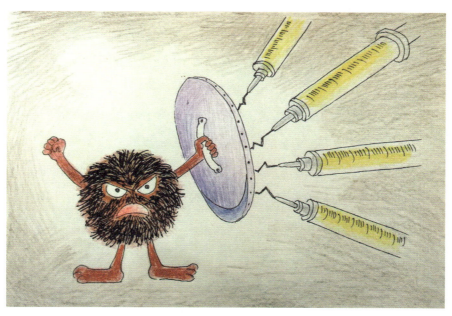

超级细菌：抗生素算老几？

英国细菌学家弗莱明于1928年发现青霉素以来，保护人类免受致命细菌伤害的各类抗生素已经流行了几十年。抗生素杀死了那些原本致命的细菌，让人类的寿命大为延长。人类似乎已经习惯了抗生素的存在，比如进行剖腹产、器官移植手术等，在没有抗生素的世界，任何人都将陷入危险之中。然而，随着时间的推移，抗生素的滥用使细菌抗药性增强，对抗生素产生抗性的"超级细菌"正不断出现，抗生素正在逐渐失去对细菌的优势，从而助长了"超级细菌"的扩散，仅在美国，每年就有至少 200 万人被超级细菌感染，其中 2.3 万人死亡。许多细菌分泌的毒素能够伤害宿主细胞。最常见毒素就是"孔隙形态"毒素，它可在细胞上打孔。细菌的进化速度非常快，因此人类必须要有更新更强大的武器来对抗它们。遗憾的是传统抗生素不分良莠，不仅杀死有毒细菌，也把我们身体中对健康起着关键作用的天然微生物给伤害了。

有专家预测，按照目前的态势，未来的10～20 年内，现有的抗生素对新的"超级细菌"将失去效力。一项研究报告显示，如"超级细菌"在全球范围的扩散得不到有效遏制，由此造成的死亡人数将逐年大幅增加；到 2050 年，超级细菌杀死的人类将可能达到1000 万人，而为应对"超级细菌"的蔓延，世界需要支付 1000000 亿美元。

世卫组织2014年发布的《全球"超级细菌"监测》显示，"超级细菌"正在呈扩散的态势，"如不及时采取有效措施，普通的感染将导致大规模的人群死亡"。这份报告称，"超级细菌"不仅在贫穷国家很普遍，在一些发达国家也存在。

每年，美国因感染"超级细菌"而死亡的人数高达 6.3 万人，欧盟范围内死亡人数也有 2.5 万人。"超级细菌"金黄色葡萄球菌每年在美国造成的死亡人数远远超过艾滋病造成的死亡人数。淋病是一种危险的性传播病，全球每天有超过 100 万人感染，然而抗生素治疗很快就失效，因为超级淋病菌突变的速度快于新药的研发,包括澳大利亚、英国、加拿大、法国、日本在内的至少 10 国，已出现淋病患者无药可治的案例。

英国经济学家吉姆·奥尼尔指出，"到 2050 年为止，滥用抗生素导致的感染将会让中国损失 200000 亿美元，而更加令人震惊的是，这将会导致每年100万人口的死亡。"

世界卫生组织总干事助理福田敬二也曾警告，"人类正进入'后抗生素时代'，普通病菌感染将再度成为致命因素。"抗生素耐药病菌的感染是一个没有宗教、种族与肤色区别的世界性议题，如果我们不采取相应措施，所有人都将受到抗生素耐药性病菌致死的威胁。

危险的新病毒名单上最可怕的当属人类免疫系统缺陷病毒 (HIV)，这是引起艾滋病的病因。艾滋病于 1981 年首先在美国发现，现已传遍世界，成为分布最广的传染病。人类免疫系统缺陷病毒出现以后，世界上又暴发了可怕的埃博拉病毒、重症急性呼吸综合征（SARS）、禽流感病毒、H5N1 等多种致命病毒引发的疾病。

在人类的历史上，很多致命的病毒都来自动物，人类的感染与社会发展和生存条件密不可分，与人类的行为有关。由于发展的需要，人们对环境进行破坏，造成生态的不平衡，生态环境越来越严酷，病毒能够接触人类的机会大大增加，而且加快了它们变异的能力。这些都是人类自身种下的恶果。

随着人类社会的发展和高度现代化，世界人口的急剧膨胀，环境日益受到破坏，对供水、排水、食品和新鲜空气的需求大大增加。人类行为的这一切变化都使微生物的生存条件发生变化，这将给人类、农业和牲畜带来危险。世界经济的一体化，使得世界彼此紧紧地连成一个命运共同体，流行病通过经济和空中交通迅速传遍地球村的每一个角落，通过战争、商人、动物和食品的传输，疾病早已形成全球流行之势，其速度之快、传播范围之广，令 21世纪的人类难以想象！比如，2003 年的重症急性呼吸综合征（ SARS ）流行，对全世界就是一次极大的震撼。

为了防治这些疾病，全世界已经花费了高昂的经费，有些疾病的罪魁祸首却仍然没有被征服，甚至艾滋病的患者和感染者还在每年成倍增长。人类和病原微生物的斗争也许是一场永远看不到尽头的战争。

人类在与瘟疫的战争中打了败仗。

尽管骄傲的人类总是要支配地球的一切，但生命脆弱的人类连小小的病毒和细菌都对付不了，也许哪一天出现一种莫名其来由的病毒，就可以毁灭人类。而人类一旦被病原微生物消灭了，其他的一切还有什么意义呢？

还有近年来不断肆虐的$PM_{2.5}$，因其形成的"雾霾"对空气的污染，对人类健康造成了极大的危害，微细颗粒的空气污染可以导致心脑血管系统和呼吸系统的损伤，增加患癌症的风险，导致过早死亡。$PM_{2.5}$还可成为病毒和细菌的载体，为呼吸道传染病的传播推波助澜。

可怕的大气雾霾污染

专家认为，PM$_{2.5}$如此严重，早已经不是单纯的气象原因，烧煤和工业排放是 PM$_{2.5}$最主要的原因。据分析，中国的京津冀地区，烧煤和工业排放（采选矿、金属冶炼、有机化工生产等）占55%～65%，机动车尾气占18%，其余是扬尘和生活排烟。

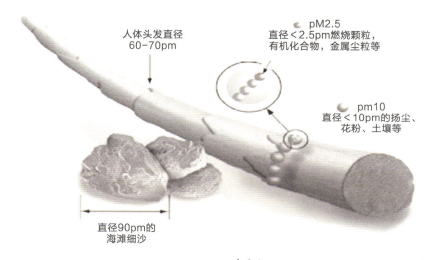

人体头发直径
60-70pm

pM2.5
直径＜2.5pm燃烧颗粒，
有机化合物，金属尘粒等

pm10
直径＜10pm的扬尘、
花粉、土壤等

直径90pm的
海滩细沙

PM2.5 有多大

燃煤发电厂全景

还有二次颗粒物，主要是火电厂燃煤中排放及其他工业排放的大量二氧化硫和氮氧化物、挥发性有机物（VOC）等，在空气中经过化学反应生成硫酸、硫酸盐、硝酸和硝酸盐的气溶胶，都能造成$PM_{2.5}$升高。

直接和间接涉及 $PM_{2.5}$ 排放的污染源或行业包括火电、石油炼制、有机化工、钢铁、有色金属、水泥、陶瓷、玻璃、涂料、加油站、干洗业、餐饮业等。一个地区如果存在一个中型或者大型工厂群，将会对周边几百千米的范围造成严重影响。

4. 气候变化、天体的"演化"和对地球的"攻击"等会导致地球人类毁灭吗

全球气候变暖

由于地球人口的不断膨胀以及人类生产、生活的规模越来越大，生产生活所消耗的化石燃料（煤炭、石油等）不断增长，森林植被的大量被破坏，人为向大气排放的二氧化碳（CO_2）、甲烷（CH_4）、一氧化二氮（N_2O）、氯氟碳化合物（ClFC）、四氯化碳（CCl_4）、一氧化碳（CO）等温室气体的不断增加，导致大气的组成发生变化，大气质量受到影响，加剧了气候逐渐变暖的趋势。

全球气候变暖将会产生两个直接危害，一个是当两极气温升高引发埋藏在高纬度地区的永久冻土融化，其中的泥炭降解，释放几万亿吨二氧化碳；再一个就是当全球气温升高，海面上升，深海的气温和压力随之上升，埋藏在海底沉积物中的甲烷水化合物（俗称"可燃冰"）分解，释放甲烷——一种比二氧化碳更厉害的大气保温气体。这两类气体一经释放，将会加剧全球大气的保温效应，地球的气温将一路攀升，直至冲破临界点，后果不堪设想。

有科学家发现，近年的全球气候变暖，导致北极熊的生存环境出现危机，觅食更加困难，即便它们长途游泳依旧找不到食物，下图中的这头北极熊不仅骨瘦如柴，甚至还一脸憔悴，严重的营养不良，有随时死亡的迹象。⑧

憔悴的北极熊

全球气候变暖将会给人类及生态系统带来极大的变化和灾难性的破坏：冰川消融、永久冻土层融化、珊瑚礁死亡、海平面上升，这使得一些海岸地区被淹没；降雨和大气环流的变化，将产生极端天气、旱涝灾害、致命的高温热浪等。从北极到赤道，人类已开始在全球气候变暖的影响下挣扎着求生存，人类必将为全球气候变暖付出巨大的代价。

温室气体导致臭氧层的耗损与破坏

地球上 90% 的臭氧气体，集中在离地球表面 10~50 千米的大气平流层中，而以离地面高度为 25 千米处的浓度最大，形成了厚度约为 3 毫米的臭氧集中的臭氧层。臭氧层能吸收太阳的紫外线，以保护地球上的生命免遭过量紫外线的伤害，并将能量贮存在上层大气，起到调节气候的作用。但是，臭氧极易和温室气体发生化学反应，导致臭氧层的破坏，从而使地面受到紫外线辐射的强度增加，给地球上的生命带来很大的危害。研究表明，紫外线辐射的伤害在于破坏生物蛋白质和基因物质脱氧核糖核酸，造成细胞死亡；使人类皮肤癌发病率增高；损伤眼睛，导致白内障而使眼睛失明；抑制植物如大豆、瓜类、蔬菜等的生长，并能穿透 10 米深的水层，杀死浮游生物和微生物，危及水中生物的食物链和自由氧的来源，影响生态平衡和水体的自净能力等。

天体演化与行星撞击

1989年，一颗小行星飞行轨道将与地球轨道交叉，所幸地球提前 6 个小时飞越而过了，否则一次威力相当于 1000 枚核弹的碰撞就不可避免！地球能错过这场"致命邂逅"纯属运气，这种灾难的概率虽然只有30万分之一，但谁又能保证"幸运之神"下一次依然会光顾？

太空中有上千个直径在1英里（1英里≈1609米）以上的小行星与地球轨道交叉飞行，其中至少 1/3 会撞向地球。行星的撞击将会给地球带来毁灭性的灾难，造成地球生物的灭绝。距今最近的一次大灭绝事件发生在约 6500 万年前，当时统治地球 2 亿多年的恐龙和其他大量动植物就可能是因一次陨星撞击地球事件而灭绝。

在地球灭绝的种种可能预言中，地球两极翻转也赫然在列。

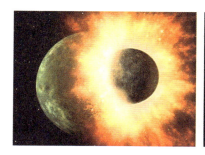
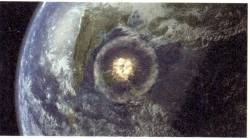

小行星撞击地球示意图

科学家称地球两极有将要翻转的迹象

　　科学家在研究地层深处构造时意外发现，在地球深处有一个活动剧烈的熔岩核，其产生的磁场可影响地球抵御毁灭性太阳风的能力。这个保护性区域延伸数千英里，直入太空，影响所及达到全球通信、动物迁徙，以及天气模式等各个方面。但是，这个对地球生命具有重要意义的磁场，在过去 200 年中减弱了 15%，这或许是地球两极将要翻转的迹象。

　　地球两极一旦翻转，具有穿孔能力的太阳风将突破臭氧层，这不仅从根本上改变地球气候，还将使地球及在其上生活的生命暴露在太阳风中，它将会毁掉电网，对卫星通信和全球定位系统产生影响，而人类暴露在宇宙射线中的整体曝光率也将增加一倍，明显增加癌症死亡率，给人类带来毁灭性的灾难。研究人员预测，地球两极发生翻转期间，每年将有 10 万人死于宇宙辐射水平的提高。

这并非耸人听闻，有研究人员发现，地球磁场已经在过去几个世纪内发生显著变化，地球磁场正处在一个持久不稳定的状态中，磁场向北漂移，地球两极每隔几十万年发生翻转。如果地球磁场继续变弱，再过几十亿年，地球就会死亡，变得像火星一样，海水干涸，生命无法生存。

海洋污染、气候变暖、大量物种灭绝或濒临灭绝……人与地球到了势不两立的地步。然而，人再有智慧，也只能充当地球物种的"老大"，却不能超越地球对生命的"决断权"。有道是人离了地球没法生存，地球没有了人类照样转！

如果地球生物和人类无法避免最新一轮大灭绝，那么新的物种和生命需要数百万年时间才能重新出现在地球各地。如此，我们这个地球又要重新等待新一轮地球文明的演化，新的智慧物种、崭新的"智慧人类"会再次出现吗？

19 世纪的德国哲学家尼采在《查拉斯图拉如是说》一书中说过：人是"系于禽兽与超人之间的一条绳索，一条凌驾于深渊之上的绳索"。"人是必须被凌驾的物种，人只是过渡的桥梁，而非终点。"那么，人类还会演化吗，或者说人类会"被演化"吗？

人们不禁会想起恐龙"被演化"的悲惨实例，史前统治地球的恐龙是三栖动物，可以空中飞，地上跑，水中游，躯体庞大，数量极多，可以藐视任何物种，那个时候真是"龙子龙孙"的快乐时光。结果，自然环境的巨大变化，还是让这个生物种群灭绝了！可见有数量和重量，没有智慧是不行的。

那么，面对灭绝的前景，智慧的人类会坐以待毙吗？

第二章

站在末日悬崖上人类的抉择

在汉族民间传说中，人死亡后魂魄都要过奈河桥，它决定着人死后是入地狱，还是得到转世轮回。

自然的演化和环境的破坏变化，科学技术的飞速发展，都使人类站在发展变革的"悬崖"边缘——人类社会前行的"奈何桥"，再往前跨一步，人类或将永生或将灭绝！那么，智慧的人类将如何抉择？

毋庸讳言，人类将会毫不犹豫地选择永生！

面对"世界的末日"，面对人类生存危机，智慧的人类"先知"们带着自己的"部属"，兵分几路开始寻找新的生存发展条件。

就目前的视界而言，人类前行的征途只能是星辰和大海！

1. 可下"五洋捉鳖"

听过"圣经"故事的人，对"诺亚方舟"的传说一定耳熟能详。

故事说的是，创造世界万物的上帝耶和华"见人在地上罪恶很大"，地上充满败坏、强暴，于是要用洪水"将所造的人和走兽、昆虫，以及空中的飞鸟都从地上除灭"，但他又发现，人类之中有一位叫作诺亚的好人。《圣经·创世纪》记载："诺亚是个义人，在当时的世代是个完全人"。于是，耶和华指示诺亚建造一艘方舟，带着他的妻子、儿子与儿媳妇，同时将包括雌性与雄性的牲畜与鸟类等动物带上方舟。当方舟建造完成时，大洪水也开始了，这时诺亚与他的家人，以及动物们皆已进入了方舟。《创世纪》如此形容洪水刚开始的景况："大渊的泉源都裂开了，天上的窗户也敞开了。四十昼夜降大雨在地上。"洪水淹没了最高的山，在陆地上的生物全部死亡，只有诺亚一家人与方舟中的生命得以存活。

基于此，面对末日生存危机的聪明的人类重又打起"诺亚方舟"的主意，许许多多五花八门的"方舟"设计不断花样出新，为的是开拓新的生存环境，制造"方舟"走向大海，建立海上漂浮城市，使人类得以救赎。

地球上约 90% 的动物蛋白存在于海洋中，海洋生物种类繁多、数量巨大，占全球物种的 80%，如此巨大的物种库是人类食物、药品原料的重要来源；整个地球生物的生产力每年相当于 1540 亿吨有机碳，海洋占了其中的 87%，而目前全世界海洋生物资源的开发水平仅仅是海洋初级生产力的 0.03%。让海洋农场、渔场为人类提供食物；让海洋潮汐、波浪、可燃冰提供能源，未来人类就可居住在移动的海上城市里。

大海孕育了生命，最初的生物就是从大海爬上非洲的海岸，开始了在陆地上的进化、演变而最终成为人类的。当面临末日生存危机时，人类再次回归大海，让大海养育人类吧！

"未来版诺亚方舟"是由法国著名建筑设计师文森特·卡勒博设计的，其正式名称叫作"丽丽派德"（lily pad，百合花瓣之意），该方舟上面建有一些从数十米到数百米之间高低不等的流线型建筑，形如花瓣。它是一个真正的"双栖海上城市"，上半部分露出海面，而整个城市的下半部分则浸没在水下，它将拥有世界上最大的海上体育馆、圆形剧院、医院、户外公园、高尔夫球场，可使"海上居民"就像居住在陆地上一样方便惬意。"未来版诺亚方舟"大约可容纳 5 万人在此正常生活。

在"丽丽派德"上建有 3 个码头和 3 座"人造山"，3 座"人造山"将由纵横交错的街道网络相连。这 3 座"人造山"中将建有办公楼、商场和各种娱乐场所，充分满足"诺亚方舟"上的居民工作和休闲生活的需要。"人造山"表面的墙和屋顶几乎都经过了绿化，上面覆盖着草坪，并建有悬空花园。在"诺亚方舟"的中央有一个被 3 座"人造山"环绕的巨大的湖泊，尽显"湖光山色"之美。

"未来版诺亚方舟"犹如一朵巨大的百合花盛开在海面上，可供 5 万人居住

"未来版诺亚方舟"侧面图

　　"丽丽派德"将是一座可自给自足的智能型生态人工岛，它将利用太阳能、风能、潮汐能、生物质能提供主要能源。水上部分的所有建筑外立面都将采用特殊材料，可通过吸收阳光产生光合作用形成能源；中央的巨大湖泊除了美化环境之外，还可以收集雨水，在经过净化之后为居住在"诺亚方舟"上的居民提供淡水；而水下部分则是这座"诺亚方舟"生态环境中的重要一环，其中将养育大量的海洋浮游生物和植物，它们可以充分吸收和分解居民生活产生

的二氧化碳和废弃垃圾，并将之转换成有用的氧气和电力，从而令"丽丽派德"成为一个高效率的生态系统。⑨

英国汉普郡南安普敦的 BMT Nigel Gee 有限公司，设计了一座"乌托邦"海上漂浮城市，它拥有 11 个住舱甲板、一个 360° 的观察区、4 个直升机升降平台、自己的码头、几个游泳池，还有一个游艇那么大的空间；它的中间位置有一根大圆柱直插水下，相当于一个锚泊系统，拥有一个湿船坞，为从海下进入提供了一个入口；它通过 4 个平台漂浮在水面上，每个平台上都有一个推进器，能在水面上缓慢移动，以确保整座游艇岛的稳定，即使是遇到极端情况也不例外；它露出水面部分高 65 米，为游客提供了 13 层楼高的瞭望甲板，通过它能够看到周围的全景。瞭望甲板下边是顶层甲板的主要住宿区和服务空间，可以开设商店、酒吧和酒店，由可伸缩的天篷覆盖。

"乌托邦"海上漂移城市并不是一个用来到处旅行的邮轮，而是一个可以居住和娱乐的地方，它将是海上生活的未来发展方向。

英国汉普郡南安普敦的 BMT Nigel Gee 有限公司设计的"乌托邦"海上漂移城市

此外，还有许许多多五花八门的"方舟"设计，体现了人类回归大海的热望，以及寻求生存救赎的紧迫感。

日本的"睡莲之家"利用绿色科学理念建造中性碳城市

法国设计师创作的鲸鱼形状的"漂浮之城"——"僧帽"（Physalia）

传说中，上帝让诺亚造"方舟"只是为了拯救诺亚一家子和一些由其拣选的禽畜，救赎的恩泽并非普惠众生。那么自私的人类又何以能超越？大海有限，海洋资源有限，花费巨资建造的"海上方舟乐园"难道不是更加有限？"杯水车薪"，它们怎么能应对地球上不断膨胀的人口？届时，造价昂贵、维持费用不断攀升的"海上方舟乐园"将一票难求，难保不会变成享有特权的"富人俱乐部"，渴求生存的芸芸众生又怎能搭上令人叹羡的"方舟"？而且，面临生存的威胁，人类极有可能开始争夺海上资源，落后贫穷的发展中国家如何才能胜算？

人们或许不会忘记，地球的两极覆盖着能够反射太阳光的冰盖，从而可确保地球的气温不会因过多的太阳辐射而持续升高。但是，目前的气候变暖，气温持续升高，终将导致冰盖融化，大量不被反射的太阳光将被地球吸收，这又会加剧地球气候变暖的速度，直接导致地球生态系统紊乱，甚至崩溃。科学家猜测，那时的地球将会步数十亿年前金星之后尘，整个海洋沸腾，地球上的水被蒸发殆尽。

此外，太阳逐渐从白矮星膨胀成红巨星，其体积将超越地球绕太阳运行的轨道，因此地球被太阳吞没只不过是个时间问题。地球不存，海洋何在？在小小的地球村，人类如何得以衍生、延续？地球生物的灭绝也只是迟早的事。

看来，"方舟"并非拯救人类的万全之策，长远之策！

2. 可上"九天揽月"

那么，何处将是人类的新家园？

利用宇宙中的星球作为人类的"殖民地"！正如大科学家霍金所言，地球毁灭是迟早的事，人类若想延续生命与文明，只有移居外太空。

人类的自私贪婪，不断地掠夺地球资源，已使人类经历了多次生死攸关的事件，并正步入越来越危险的时期。人类如果想一直延续繁衍下去，就必须移民火星或其他外太空星球。聪明的人类必定不会将赌注压在一个星球上。

到外太空去殖民

人类已能进入太空，现在就开始未雨绸缪准备腾升太空，建立进入太空的文明。同时改变人类自身，降低或减少人类对自然环境的需求，使人类更加适应变化的生存环境。

美国纽约大学的化学家罗伯特·夏皮罗提出了一个"联合拯救文明"的计划，即复制智人的文明，并将其送入太空免受损害，使人类文化和传统得以继承延续。2005年，时任美国宇航局局长的迈克尔·格里芬对美国国家太空项目也做过类似解释。他说："如果我们人类想存活几百年、几千年或者几百万年，尽管我不知道到底是哪一天，但总有一天居住在地球以外的人数会超过居住在地球上的人数。"

这实在是一个令人类遐想的美妙计划，而且人类正在不断为之努力。

"月球是理想的第一站"

2000 年，美国宇航局（NASA）完成了一项耗资两亿美元的研究项目，其报告称，可以在月球表面数英尺（1英尺=0.348米）之下开垦出一块"殖民地"，或者将现有的月球环形山覆盖起来，这样就可以防止高能量的宇宙射线伤害我们（这种射线会损害人的 DNA 而致癌）。美国国家太空协会也在 2008 年的报告中认为"月球是适合人类的最初太空定居点"。

月球是适合人类的最初太空定居点

但是，月球的环境十分恶劣，人类想在月球上生活，需要对月球进行非常多的改造，使之"地球化"。

首先，月球没有大气层，人类需要呼吸和安全生存就必须制造人工大气层，或者建造一个比月球还大的罩子将其罩住。

一些坠向地球的小行星之所以没有对地球造成破坏，就是因为地球的大气层与其发生摩擦，使其燃烧殆尽。月球上没有大气层的保护，许多陨石会被月球引力吸引，直接砸到月球表面。据统计，每年坠毁在月球上的陨石有上百颗，所以在大气层建造完成之前，人类在月球上进行改造是极其危险和不现实的。而当环境改造完成后，还需要大量的卫星监控网多层次对陨石进行防御，大型陨石则需要利用导弹来使其偏离轨道，这对于人类在月球上的长期居住是必不可少的安全措施。

其次，地球的重力是月球的6倍，而人类长期在低重力环境下生活会出现钙质流失，导致骨质疏松。

最后，月球并不具备人类生活的一切必要条件，所以要先建造月球基地为人类的生存提供保障。这就需要大量的人力、物力的运输，而地球到月球的运输成本极高，改造月球环境的任务将不可能靠源源不断地从地球输送人力资源来完成。因此，人类可能要先运送一个能复制的智能机器人到月球，机器人数量可以呈指数成长，最终达到足够的劳动力数量，并借助太阳能和月球地底的矿产，开始月球环境的改造。

因此，美国国家太空学会在 2008 年的一份《太空殖民路标》研究报告中也无奈地指出，月球也只是人类奔向外太空的"初级停车站"。

到其他行星去"殖民"

当然，人类的眼光可以看得更远，可以越过月球到更远的星球上去，那里可能有更多的水、碳或氮储量，可能更适合人类居住。例如，目前，已知的最适合人类居住的星球就是火星。火星上有大气层，可以阻挡一部分宇宙射线，而且其地心引力相当于地球的 40%。科学家已经探知火星上有水凝结的冰，土壤中也有足够的氮能栽种植物，而且白天的温度达20℃，非常温和。科学家认为，有朝一日，人类可以用火星上的地下冰来"开垦"火星，形成一层薄薄的海洋，之后还可以制造大气，让人类呼吸，也可以阻挡宇宙射线的伤害。

火星上"季节性斜坡纹线"可能说明有盐水存在

美国航天局于 2015 年 9 月 28 日宣布，自 2006 年以来，美国火星勘测轨道飞行器多次在火星山丘斜坡上发现手指状阴影条纹。它们在火星温暖的季节里出现，并随着温度上升而向下延伸，到了寒冷季节就消失，美国航天局将其称为"季节性斜坡纹线"。分析"季节性斜坡纹线"的光谱数据发现，这些阴影条纹达到最大宽度时便出现水合盐矿物的光谱信号。美国航天局认为这种奇特的季节性地貌由盐水流造成，火星上的盐水应该比地球上的海水咸得多，其盐分可能是高氯酸镁、氯化镁和高氯酸钠的混合物。

美国宇航局已经在火星上开展了规模化探索，目的就是寻找火星生命。最近，研究人员通过火星探测器的数据对撞击坑内部的物质进行分析，利用反射光谱远程识别这些矿物和岩石类型，发现在撞击坑中散布着一些古老且保存较好的玻璃物质，其形成于撞击导致的高温环境中。此前的研究表明，有机物质能够存在于玻璃之中，而且可保存非常久的时间，甚至长达数百万年。如果火星撞击坑中也有类似的物质，那么就有望从中找到火星此前存在的有机分子痕迹，进而或许能从中发现与生命有关的线索。

发现玻璃物质的地点位于哈·格雷夫斯沟槽附近，长度达到 400 英里，约为 640 多千米。研究表明，沟槽周围的环境在过去可能非常湿润，同时还具有一定的古老热液流，能够为生命的成长提供足够的能源。

火星北半球
（绿色代表富含碳酸盐的地区，棕色地区富
含橄榄石，紫色标注的是玄武岩较多的地区）

绿色的区域为玻璃物质，蓝色区域为石，而红色区域表示存在橄榄石物质

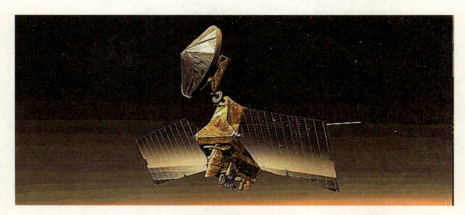

火星勘测轨道飞行器

2020 年，美国宇航局还将实施火星表面采样返回计划。华盛顿州立大学的一位天体生物学家德克·舒尔兹·马库奇表示，无论从经济上还是技术上，去火星都是可行的，当然，前提是我们不需要返程。

2015 年 7 月，美国宇航局发布最新消息，天文学家发现了迄今"最接近另一个地球"的系外行星——一颗围绕恒星 Kepler452 运行的行星——Kepler452b，它位于距离地球大约1400 光年的天鹅座方向。

加州"搜寻地外智慧生命"（SETI）研究所的天文学家道格拉斯·卡德维尔（Douglas Caldwell）表示："这是我们发现的第一颗围绕一个与太阳相似的恒星运行、且位于宜居带内的类地行星。"

系外行星 Kepler-452b 的直径约为地球的 1.6 倍，到恒星之间的距离与日-地距离相近，围绕恒星运行的周期（一年的长度）约为 385 天，这与地球上的一年（365 天）长度接近。是至今发现的最接近地球的"孪生星球"，与地球的相似指数为 0.98，并且可能拥有大气层和流动水。模型计算显示 Kepler-452b 的质量可能是地球的 5 倍左右。如果情况的确如此，那么它就应该是一颗和地球类似的岩石行星，而不是像海王星或木星那样的巨行星。

太阳的年龄约 45 亿年，而恒星 Kepler452 的年龄比太阳还要老大约 15 亿年，围绕它运行的系外行星 Kepler-452b 的年龄也应当与之接近。由于恒星的光度会随着逐渐年老而增强，在最初的 50 亿年时间里，Kepler-452b 行星接收到的光照强度应当小于地球接收到的太阳光照强度，但实际上现在这颗行星接收到的光照强度应当已经超过了地球，这让我们能够设想地球未来的景象。

地球（左）与 kepler-452b 的比较，kepler-452b 直径比地球大了约 60%

从 2009—2013 年，开普勒空间望远镜对固定天区内超过14.5万颗主序恒星进行连续的精密测光观测，并借助"凌星法"（Transit）搜寻地外行星。

所谓"凌星法"，是指当系外行星从我们观察恒星的视线前方经过时，由于行星体会遮挡住部分恒星发出的光线，这将造成恒星的亮度发生轻微减弱，于是通过对这种轻微光变的探测，我们便可以推知系外行星的存在。通过这种方法，开普勒项目已经确认超过1000 颗系外行星，其中就包括最新公布的Kepler–452b，以及另外4660 颗其他疑似目标。

外太空的 "未来家园"

孩子们期待着太空旅游

到太空去生活，是人类的一种向往，在科学技术高度发展的今天，更成了一种期待！这张小朋友画的美丽图画，就表达了对这种期待的渴求。在美国当代著名科幻小说家艾萨克·阿西莫夫看来，到其他现存的行星上去殖民都是"行星沙文主义"。他认为，我们完全可以自己凭空造一个太空栖息地，或称为"轨道栖息地"。

早在 1974 年，普林斯顿大学的物理学家杰勒德·奥尼尔曾提出一个独立的巨型太空栖息地设计。这一大型的"太空城市"呈圆柱形，以中心轴为旋转轴，每分钟自转一周，这将使圆柱内壁产生一股向心力，借以模拟地球引力。圆柱形城市长度约为 3.2 万米，内表面积约 1300 平方千米，拥有巨大的人口承载能力，可以容纳从数千至数百万人口。"太空城市"有很多优点。比如轨道位置控制，可以选择留在地球的轨道上，也可以向太阳系以外的星球进军；可以自由漂浮在太空中，沿途从周边的小行星上"进口"自己所需的资源。

太空城是人类对外太空的开拓雄心以及平等精神的体现。

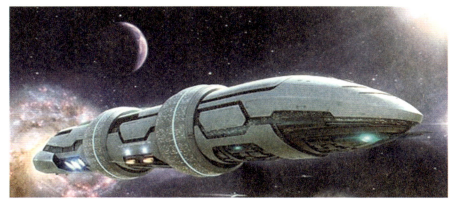

电影《极乐空间》的太空城概念图，展现了经典而现代的太空城设计太空城市

人类何时搬家

　　然而，即使人类成功地找到了新的居住地，如何迁移"搬家"也将是一大难题。不说别的，人类的健康和寿命能否经受太空迁移？人类如何脱离地球的引力自由飞向太空？如何克服宇宙射线和零重力对人的身体和精神带来的影响？由于缺乏重力，处在太空中的人全身的体液会向上半身和头部转移，从而使人出现血浆容积减少，导致贫血；微重力环境对于人体的肌肉、骨骼也会产生影响；此外，人在失重状态下会没有方位感；还有超低温、强辐射以及在飞船起降过程中产生的巨大加速度和减速度等，都会对人体产生极为有害的影响。

　　因此，人类要向太空移居，除了构造必要的环境控制与生命保障系统外，最关键的是人类自身能否适应新环境。必须要有有效地适应措施，比如体能锻炼和心理健康调节。或许，人类又要面临新一种优胜劣汰的演化过程，只有适应这个演化，才有离开地球的可能。

　　中国有句俗话，说的是"山中方七日，世上已千年"。有道是天上仙境比地上人间过得要慢，因此得道成仙，就可长生不老。当年孙悟空在天上居官半年后反出天庭，花果山"四健将"对其叩头礼拜道："大圣在天这百十年，实受何职？"大圣笑道："我记得才不到半年光景，怎么就说百十年话？"健将道："在天一日，即在下方一年也。"

　　谁都知道此乃神话故事。

　　有人可能还听说过这样一个科学故事：一对双生子，如果哥哥坐飞船到宇宙中去航行，而弟弟一直留在地球上，那么当哥哥航行回来后，会发现自己比弟弟年轻，原因在于二人所经历的时间不同。这就是法国物理学家保罗·朗之万提出的"双生子佯谬"，是用来解释时间不同步的经典例子。这个例子表明：因为地球可近似看作一个惯性系，弟弟一直生活在地球上，并保持惯性状态，而哥哥去航行，先要经历加速过程，返回时又要经历减速过程，因此并非一直处于惯性状态，所以哥哥的时钟要比弟弟的时钟走得慢。因此，只要哥哥经历时间足够长的宇宙航行，他的钟就持续保持变慢的状态，那么在弟弟看来，哥哥的寿命就会比自己长得多；如果航行持续延长至极限，弟弟眼里的哥哥可能就会"长生不老"。

这也就是狭义相对论中的"动钟变慢"的论点：在处于任何一个惯性系中的观测者看来，相对于他运动的钟会变慢，而自己的钟却不会。也就是说，一直处于惯性状态（静止或匀速直线运动状态）的钟，时间走得最快。

显然，"双生子佯谬"效应，必须具备一些比较极端的条件：旅行时间要足够长；飞行的速度要非常接近光速。

如果一艘飞船载着双生子中的哥哥去比邻星旅行，比邻星距离太阳系为 4.22 光年，科学家设想，如果飞船先以地面重力加速度的 3 倍把飞船加速到接近光速的 25 万千米每秒后，关闭发动机，飞船作惯性飞行。在快接近比邻星时，飞船减速，逐步使速度降到零。在比邻星附近的行星降落并进行探测后，飞船再以同样的方式先加速，再改作惯性飞行，然后再减速返回地球。科学计算表明，站在弟弟的角度会认为飞船往返用了 12 年时间，而哥哥则觉得自己只飞行了 7 年。这样，回到地球上的哥哥，将比弟弟年轻 5 岁。

如果再让飞船到银河系中心附近旅行一次。太阳系到银河系中心的距离约为 2.8 万光年，飞船以 2 倍的重力加速度加速，进行类似上述到比邻星的飞行过程。经过计算，哥哥觉得完成此次飞行用时 40 年。如果他 20 岁时开始航行，60 岁时返回，只要健康允许弟弟应该还健在，但实际上弟弟早已去世，因为在地球上的人看来，飞船足足经历了 6 万年航行。由上述两个例子可以看出在极端条件下的"双生子佯谬"效应。然而，在这种加速飞行中哥哥会感受到超重现象，假如飞船以地面重力加速度的 3 倍加速飞行，那么他原来体重若为 80 千克，此时会变为 240 千克。这尚属人可以较长时间承受的加速度，如果再大，其身体则难以承受。除非孙悟空这样的"仙家"，按照《西游记》的描述，他的一个筋斗就有十万八千里，且须臾间就可完成。可以推断，其飞行速度为数万千米每秒，相当于光速的几分之一。孙悟空具备金刚不坏之躯，因此能承受数倍重力加速度，长时间进行加速运动和减速运动当不在话下。

让我们进一步想象，假如有这么一个群体：他们生活在外太空，具有接近光速的飞行速度；他们的身体承受力非常强，在启动飞行时能承受数倍重力的加速度进行加速；他们生活的地方相距遥远，要经常性地进行远距离飞行。那么在地球人看来，在某种程度上他们已经具有了"长生不老"的特质。

很显然，空间飞行将会对人类的身体带来各种各样的伤害或不利影响，比如骨密度降低、肌肉萎缩和视力下降等。最新的实验表明，行星际以上级别的空间飞行甚至会威胁人体免疫系统。在宇宙空间飞行途中，人类很难维持良好的生理机能平衡，睡眠时间减少，心脏血管的血液供应放缓，肠胃胀气，还将面对眩晕、困乏无力等空间飞行病症，而这一切的诱导因素均归咎于太空的零重力环境。

人类还没进化出可以适应星际空间飞行的机体，失重将导致生理机能下降。如果人类前往火星、木星、土星或其他天体卫星群，就应首先找到能够克服空间疾病的途径，比如，打造"人造重力环"。

在早期空间站的设计方案中，科学家曾提出建造一个巨型旋转轮来制造重力场，任何一种在太空中旋转的环形结构都具有产生模拟重力环境的能力。通过太阳能聚焦产生的蒸汽动力使旋转轮围绕着中央轴线旋转，这样就可以产生向心力，通过设定旋转轮的大小和旋转速度来调整所需要的重力场值，模拟出重力环境。研究人员将其命名为"伪重力效应"。人一旦处于旋转轮的内侧，就可以感觉到与重力类似的效果。众所周知，当旋转轮更大、旋转速度更快时，产生的重力效果就越明显。

《太空飞行》杂志的编辑、美国宇航局前空间站设计工程师大卫·贝克介绍："就现在而言，这些空间站的设计显得完全过时了。在20世纪70年代中期，一系列的实验证明，建造空间站需要开展对微重力环境的研究，因此科学家们放弃了人造重力场的研究。然而时过境迁，现在这个理念可能值得重新考虑。"因为，可能存在另一种方式来制造拥有重力环境的宇宙飞船，人类要在空间长期生存，人造重力场是必需的。

此外，人类对宇宙射线和零重力对人的身体和精神的影响尚知之甚少，人类甚至还没有特别的太空服来保护自己免受宇宙射线伤害。

NASA的首席科学家丹尼斯·布什内尔强调："能够承受得起的不安全，而安全的又承受不起。"

宇宙飞船与人造重力场空间站对接的情景

人类可能遭遇的另一个迁移外太空的巨大挑战，就是如何摆脱地球的引力。正如美国现代科幻小说之父罗伯特·海因莱因所言："如果你能脱离地球进入轨道，你就完成了太空旅途的一半。"采用现在的技术，代价太高，航天飞机每次飞行就要花4.5亿美元，送物资的代价是1.2万美元／磅（约0.45千克），主要是最初100英里（约160千米）所用的燃料价格。

　　工程师们曾经构想过许多非火箭的发射系统。美国海军研究过利用巨型大炮将导弹等有效载荷送入轨道是否可行。物理学家德瑞克·蒂德曼设想过用一台巨型离心机使物体高速旋转，直至达到一定的速度，最终脱离地球的引力。美国前宇航员迪亚兹也在研究一个自带离子发动机的火箭，他估计这个火箭到达火星的时间将可以从6个月缩短到1个月。还有不少工程师提出了"太空梯"的概念，太空梯长达6.2万英里（约9.9千米），足以让人类进入太空。目前，日本和美国的科学家正在研究这一项目。

航天飞机克服地球引力进入轨道

太空天梯效果图

　　日本有一个探测器，发射后曾飞过金星附近，目前正围绕太阳飞行，5年之后再次回到金星轨道。这个探测器是用一个46英尺（约14米）宽的太阳反射器进行推动的。这个太阳帆由0.0075毫米厚的镀铝塑料制作，利用太阳光子的压力前进。

许多科学家相信，人类还可以利用从月球或其他天体上提取的氦-3为燃料进入太空。

一旦能够越过近地轨道，人类也许就要考虑解决另一个问题：如何借助除了化学火箭以外的工具来远距离漫游。美国宇航局下属的先进概念研究所正在资助一项研究，是否可以让太空船搭乘40多颗周期性围绕地球和火星飞行的小行星？这种"免费的旅行"可以让人类用6~10个月到达火星。也许人类应该更有想象力一些，接受那些看似不可能的想法，包括"虫洞"和曲率推进。因为现在我们有足够的能力创造一个可观测的空间扭曲，可以用来检验这些假说是否靠谱。

科学家们大都相信，人类进入太空生活的趋势是不能阻止的，人类终究要去太空生活，无论要花多少时间才能离开地球，或者谁将带领人类最终"落户"太空，这都是在为全人类的利益和未来考虑。有科学家说得好："移民太空不仅仅是为了生存，而是为了繁荣。"

但是，这一天的到来要等到猴年马月？所有这一切该有多么的遥远！而且，人类真的准备好了吗？迁移外太空对于目前生存在地球上的人类，又有多大的现实可能和现实意义？就此，美国国家太空协会的科学家马克·霍普金斯曾提出过一个替代计划，那就是直接把能够自身繁殖的机器人送到遥远的星球上，一旦到达那里，这种机器人就会自动繁殖，建立一个完整的工业文明。当然，这些机器人也可以携带人类的DNA，一旦时机成熟，就能"量产"人类。而现存的地球人，恐怕只能留在地球上渐行渐远，走向消亡了。

然而，聪明的人类岂能坐以待毙！

也许，面对地球末日，人类目前最为可行的出路就是坚守地球，不断为克服地球末日的威胁创造新的生存条件，日积月累，创造迁移外太空的一切可能的独具匠心的形式与条件。

3. 坚守地球"且行且快乐"

其实，人类面对地球末日唯一可行的出路首先在于，珍爱地球、保护家园的同时改变人类自身，降低或减少人类对自然环境的需求，使人类更加适应变化的生存环境。延展生命、延展时间！

人类，这个地球的"老大"毕竟是最有智慧的物种，人类不可能面对地球的末日束手无策。随着现代科技的不断发展，人类正在不断变革着生存环境和生存手段，最终人类的"自大"将会膨胀到极致，开始对人类自身的改造，甚至是"改头换面"。

人类的这一进程将会是怎样的呢？也许我们可以做一些不很离谱的推测——人类的聪慧、科学技术的快速发展，使得人类享乐的穷奢极欲无以自持，让这个"人类世"日益变幻无穷，精彩迭出。

居住与出行

人类对目前的交通出行已经无法容忍，氢燃料电池技术将给交通运输领域带来革命，可续航 2000 千米氢燃料电池汽车将诞生，并将批量生产。

氢燃料电池汽车

人类将在白令海峡建设海底隧道，连接世界五大洲 100 多个国家的环球高速公路将会建成。真空管道磁悬浮列车、超级高铁项目升级版Hyperloop，都将在全球范围内开始商业运行。Hyperloop是一个快速交通系统，可以在低压或真空管道中运送乘客，由于运行空间为真空，没有摩擦力，"胶囊大玩具"车厢运行速度最高可能达到每小时6500千米，从美国纽约到洛杉矶只要 5 分钟，纽约到北京只需 2 小时，环球旅行只需要 3 小时。此后还将突破技术瓶颈，时速达18000千米。

　　世界首架"空气动力"无翼电磁空中飞行器也将问世，它能够垂直起飞，只要在普通玻璃窗上加一层涂层就能采集太阳能。可以提供能源的"太阳能玻璃"也将进入千家万户。

真空管道磁悬浮列车——Hyperloop

"空气动力"无翼电磁空中飞行器

地球人口的急剧膨胀，大气污染的愈演愈烈，使人类的居住环境日益恶化，人类开始向天空和地下开拓空间。人类史上第一座高度超过6000米的悬浮摩天巨塔竣工后，将有200万人生活、学习、工作在其中。这座摩天大楼自带移动功能，可以实现环球旅行。在大楼顶层氧气浓度将与地面上一样。之后，地球将进入超巨型建筑的时代。

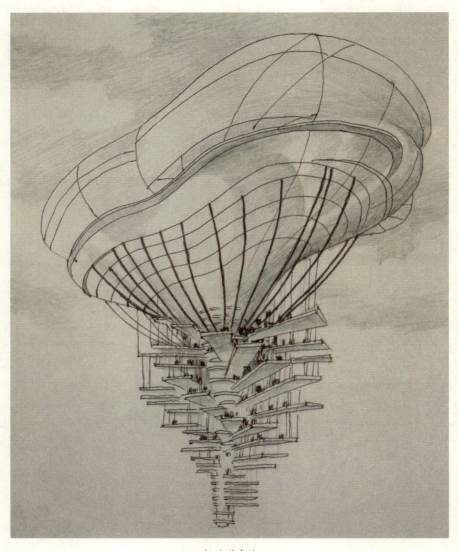

超巨型建筑

后信息时代来临

Wi-Fi（Wireless-Fidelity）时代，网络已将其触角延伸至人类生活里的每个角落，德国物理学家 Herald Haas 和他的爱丁堡大学科研团队发明的 Li-Fi（可见光无线通信技术），又将把 Wi-Fi 远远抛在后边。只要在 LED 灯泡上植入一个微小的芯片，就成了 Li-Fi（Light Fidelity）技术的光源路由器。Li-Fi 是利用快速的光脉冲无线传输信息，可以不同速率在光中进行信息编码，例如 LED 开表示 1，关表示 0，通过快速开关就能使 Li-Fi 传输信息。由于 LED 光源的快速普及，未来作为 Li-Fi技术基础的光源路由器（即LED 灯具）将遍地开花。

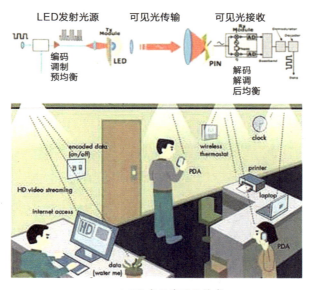

Li-Fi （可见光无线通信技术）

人类创造出越来越多的智能化产品，与发达的互联网相配合。人类的真实生活与情感世界与之紧密联系，甚至依赖而不可或缺！各种手机，如iPhone或其他任何智能互联设备，让真实的生活变得似乎不那么真实。你可用手机将其变成虚拟世界中的内容——通过Twitter发布自己生活体验的消息，或是分享到微博客 Tumblr 网站上，或是在 Instagram 网站上共享照片，或是到 YouTube 发布视频——而全世界都会为你这样做而赞声不绝。有人会过度沉溺，以至于远隔万里的匿名陌生人的想法和观点开始变得重要，而近在咫尺的伴侣的心思却变得无足轻重。有人会忘记如何独处，还会忘记如何才能做到聚精会神。

人类开始痴迷、沉溺于虚拟世界，三维全息虚拟技术将进入生活，远在天涯的人们也可以面对面交流。

苹果公司发布的 Apple Watch 智能手表，试图将一种技术强加于人体，"离间"人与人体之间的关系。这将会带来颠覆性的后果，让人类前所未有地接近"后人类"时代。

Apple Watch 是一种尝试"侵略"人们身体的技术，就像是强迫他人参加的"约会"，想要以人们完全不习惯或是尚未做好准备的方式来拉近关系。这种智能手表非常私人化，它能做到电脑所无法做到的一件事情：以你的身体为家，栖息在你的手腕之上，与你紧紧相依偎，从而成为"我"的一部分。Apple Watch 的"好处"是，它一直都会伴你左右，这比 iPhone 更加方便。但跟 iPhone 不同的是，你再也无法把 Apple Watch 丢到一旁，享受片刻的闲暇时光。

可穿戴智能设备既赋予了佩戴者以控制权，同时又要求你放弃控制权。

Apple Watch

不妨想一想智能手表的健身应用吧，它们能捕捉所有人体相关数据，比如说心率和活动指标等，随后收集并存储这些数据，再以人们能加以利用的方式显示这些数据。让物理上的你以信息的形式出现在虚拟世界中，留下不可磨灭的数字印记，而且这些信息可以被复制和散播，到最后很可能会流传到你想象不到的地方。到那时，会有人利用这些信息来追踪你，并向你推销产品；有人会买，有人会卖，还有人会泄露你的信息隐私。

与此同时，可穿戴智能设备也开始告诉你应该和不应该吃什么，你应该跑多长的路。它将介入你和你的身体之间，离间两者之间的关系。

在Apple Watch之后，苹果下一次发布的产品将可能是iMplant（可植入人体的设备），智能设备会成功地建立了一个网络节点，而这个网络将会散布在人体各处，并由苹果来设定标准。届时，人类将不得不做出一个决定：我们到底想要多大的控制权？或者换种说法：我们已经为放弃控制权而做好了什么样的准备？

詹姆斯·奥尔兹（James Olds）在 19 世纪 50 年代做过这样的实验：他将电极植入小白鼠脑边缘的多巴胺回路中，发现小白鼠可以不吃不睡，代之以自己不断触发电刺激获得快感，直至饿死。奥尔兹又在其他动物和人类身上重复了同样的实验，人们把这一实验称为"快感实验"(orgasmic)。"嗑电族"（Wireheads）就是形容这样一类人，尤指那些沉迷此中、乐此不疲的人。他们的大脑装有电子植入装置，电流刺激其大脑的快乐中枢，使之产生快感。

有人认为，使用这项技术可以消弭人类遭受的痛苦，既不会伤害他人，又不会破坏环境。因此，人类可以使用一种名叫"Thync"的可穿戴智能设备来改变自己的情绪和精神状态，使自己平静下来或者精力充沛，这样既没有副作用，也不怕"嗑药成瘾"。这种设备通过由颅直流电刺激（tDCS）向大脑传送电流的方式，来提高使用者的智力、学习力、警惕性及记忆力。它还能帮助治疗慢性疼痛、抑郁症、纤维肌痛症（fibromyalgia）、帕金森综合征（Parkinson's disease）以及精神分裂症（Schizophrenia）等疾病。

还有一种精神改变技术——经颅磁刺激技术（Transcranial Magnetic Stimulation）。这种技术可以暂时让处理恐惧情绪的杏仁体停止工作的方式来刺激精神病患者，使其在神志清醒的同时，获得一种类似醉酒后无所顾忌的兴奋感。

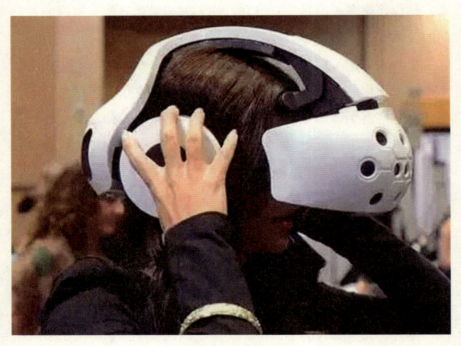

可以进入虚拟世界的大脑帽

干涉人类大脑可能会创造出一个我们完全陌生的未来世界，人类不仅能随意调节自己的情绪，还能随时收起自己的恐惧和同情心。若干年后，对神经病学的研究将能了解各种感官并且会直接运用这种成果，创制出一种能够模拟人类所有感观信息的"大脑帽"，任何人戴上这顶帽子，都能进入虚拟现实空间，体验整个虚拟世界。这项技术的广泛发展将导致整个影视游戏娱乐业发生根本性的革命，游戏者通过它可以组建另一个虚拟世界；医生们戴上这顶帽子，可以体验患者的症状和感觉。

量子效应集成电路制造术的突破将使量子计算机进入实用阶段。计算机存储器和处理器将集中在一个芯片内，使信息的采集、传输、存储、处理等功能集成在一起。量子计算机将以无形性广泛存在于各种机器中。个人量子计算机将主要采用人体生物电作为能量供给，随身携带将更便捷。眼罩式显示器将成为个人计算机配置的主流模式。计算机的使用会越来越简单。

量子发电机将应运而生。超越"量子效应障碍"的技术将达到实用化水平，采用纳米技术生产芯片，纳米计算机将投入批量生产。科学家们甚至将研制出能够制造动力源与程序自律化的元件和装置，这将大力推动人工智能技术的进一步发展。

人与机器之间的交流将比人类之间的交流更便捷，机器可以读懂或理解人类的思想；人类也可以把脑电波转为电波信号，直接用意志操控电脑系统或任何机器，甚至可以遥控演奏乐器。

建设"太空乐园"

人类始终不会忘记"太空乐园"的梦想，不断地在准备或创造进入太空的各种各样的条件。或许可以畅想一下未来，比如，某一天当你跨进太空电梯，按下上升按钮就来到了外层空间。这岂不是很奇妙吗？

太空电梯的载人舱能够在数万千米长的电缆上移动，电缆则靠地球转动产生的离心力来固定。随着碳纳米管的出现，这一畅想的实现似乎又前进了一大步，因为利用纳米技术可以做出能够支撑太空电梯的超强力电缆。

太空电梯

　　世界第一艘天空母舰建成，真正的霸主在天空。小型飞行器从它的一个端口飞进，从另一端口飞出。世界第一个太空城市将开始建造，陆续有移民迁入。

天空母舰

接着，大规模开发月球，将在月球上深达 40 千米的巨型火山洞中建筑新城市，火山洞与外界将全部隔离，内部充满了与地球上一样的大气，人类在洞内可以不穿太空服自由活动。并且用月球上储量丰富的氦–3来进行核聚变发电，通过巨型红外线发射器给地球大量供应能量。

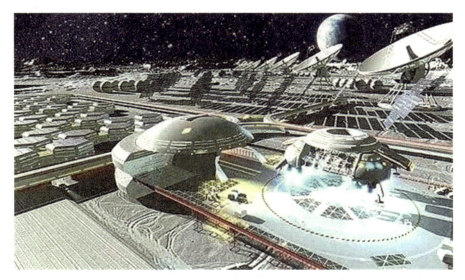

开发月球

科学家还将在月球天然巨型火山洞内制造直径为 500 米的液态光学望远镜。世界上第一个实验性正电子反应堆也将诞生，这标志着人类正式进入反物质能时代。

也许，在不远的将来人类开始登陆火星。

物理学家史蒂芬·霍金预言，信息可以通过虫洞放出的辐射粒子进行逃逸，旋转的虫洞可能会生成通往另一个宇宙的通道，若不幸的太空旅行者掉入虫洞可能也不会消失，不会被困在虫洞里，而是可以逃逸；但他们将无法回到原来的宇宙，而是会逃往另一个宇宙。

广义相对论中的虫洞理论认为，当空间物质的质量被折叠的程度足够大时，两个相隔甚远的空间中的点将被拉近，形成一个虫洞（好比一张纸的两端上各有一个点，两个点之间是有距离的，但把纸折起来，两个点就可以重合了）。银河系存在由宇宙的暗物质构成的虫洞（黑洞），虫洞是宇宙中的时空隧道，可以连接相距遥远的两个位置。

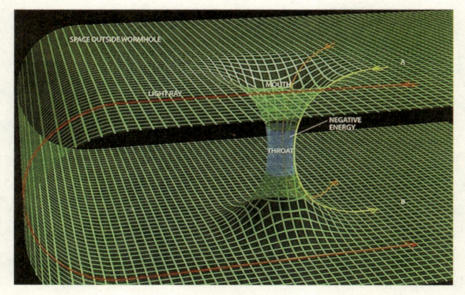

虫洞示意图

只要有太空中的虫洞或速度接近光速的宇宙飞船，带着人类飞入未来的时光机就是可行的。如果虫洞两端位于同一位置，且仅以时间而非距离间隔，那么宇宙飞船即可飞入、飞出"虫洞"。返回后仍然接近地球，只不过是去了一趟"遥远的过去"，作了一次历史的旅游。

在太空中，万物都有时间的长度，在时间中漫游意味着穿越"四度空间"，即所谓穿越时空。

超光速星际航行

　　科学家已经在实验室内，使用超材料和超导界面建立了磁场传送隧道。

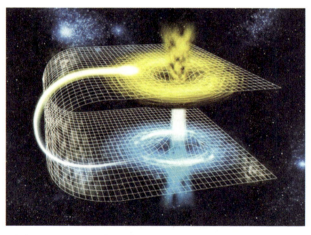

科学家首次在实验室制造出传导磁场的"虫洞"（引力虫洞的模拟形式）时空隧道

　　在技术上解决了辐射反馈等困难之后，人类史上首个"虫洞"型时间机器将诞生，首次短期"时间旅行"试验圆满成功。人类即将进入"大时空航行时代"，穿梭于地球各个时期的历史时空，一览整个地球史的完整面貌。

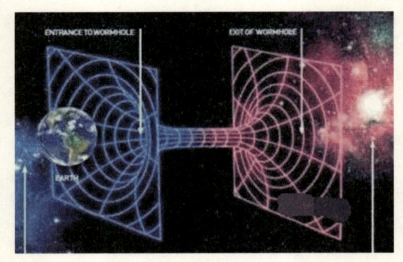

"虫洞"型时间机器诞生

人类对于自己的健康长寿和生命更加关切

人类将开发出预防恶性肿瘤的新技术——对人体细胞 DNA 复制的人工程序化控制、检测与修复。这是人类攻克癌症的一大胜利。成千上万的纳米机器人成为人体内的第四种血细胞，负责清除血液中的油脂、血栓从而疏通血管。

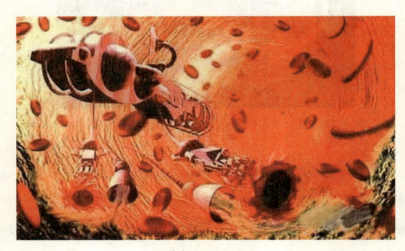

血管中的纳米机器人

1991年，电影《终结者2》中出现了一个用液态金属打造的机器人T-1000，无论遭遇到什么样的伤害它都能瞬间自动复原，甚至可以随意改变身体形状和脸部容貌。这种变形机器人一直以来都是科学家渴盼和追踪的目标之一，如今，中国科学家在液态金属领域的一项研究的突破性发现，使得人类在这个漫长的前行之路上有了一丝希望之光。

中国科学院和清华大学的科学家发现，电解液中，直径约5毫米的液态镓金属球，吞食了0.012克铝之后，能以每秒5厘米的速度前进。而在各种槽道中前行时，可以随槽道的宽窄自动变形调整，遇到拐弯时停顿下来，略作"思考"后，继续蜿蜒前行。⑩

液态金属可在吞食少量物质后以可变形机器形态长时间高速运动，实现了无需外部电力的自主运动，从而为研制实用化智能马达、血管机器人、流体泵送系统、柔性执行器乃至更为复杂的液态金属机器人奠定了理论和技术基础。

研究者将液态金属机器称作"软体动物"。因为它呈现的一系列非同寻常的特性，已经相当接近自然界简单的软体生物。澳大利亚皇家墨尔本理工大学的科学家也曾表示，他们使用一种液态金属合金制造出能自主操作的开关和泵。这一最新技术可用于制造能像活组织一样行动的电子设备，甚至类似"T-1000终结者"那样的3D液态金属机器人。理想情况下，利用这项技术无需对机器人进行塑形，只需要按照一定程序来改变液体的酸碱度，金属就能自行达到既定的形状，比如当需要穿越一个较为逼仄的区域时，这种液态金属可以瞬间变成扁平状，一举通过障碍。

实验证明，由于液态金属对神经信号的高传导性，还可将其作为连接或恢复切断的坐骨神经功能的通道。采用液态金属连接剪断的神经组织，借助微弱电刺激试验，探明了液态金属神经传导的优势。神

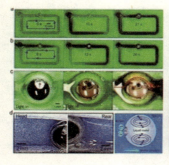

液态金属软体生物

液态金属机器人

经网络遍布于人体全身，因而神经损伤与断裂在医学上极为普遍，有多达 100 种以上的因素可造成神经破损，而神经纤维一旦被彻底切断或破坏，神经信号将中断，患者对应的肌肉功能即会随之减退、萎缩，直至造成永久性的功能缺失乃至截瘫。液态金属神经连接与修复技术，旨在迅速建立切断神经之间的信号通路及生长空间，从而提高神经再生效率并降低肌肉功能丧失的风险。

液态金属在 X 射线下具有很强的显影性，因而在完成神经修复之后很容易通过注射器取出体外，从而避免了复杂的二次手术。这一方法为神经连接与修复开辟了全新方向。

"仿生物"液态金属机器人能够实现不同形态之间的自由转换，从而可以执行高难度的特殊任务。其与智能材料的可塑性、自驱动、能变形特点的结合，在传感器帮助下，可以读取并模拟远方活体的行为信息，为意念控制机器奠定了基础，从而可实现"远程握手"，"远程拥抱"。

一名大脑植入芯片的瘫痪妇女用意念控制机器手臂喝咖啡

科学家还研发出可以破解脑电波信号的计算机程序。只要往中风瘫痪的患者大脑中植入特定的芯片，并将这个芯片同计算机连接，就能使患者学会如何利用意念编辑电子邮件、玩视频游戏和上网。然后，从一大堆影像中识别出患者看到的特定影像，并通过检测其大脑的活动，就能够

可通过意念控制的机器人

将这一影像还原。日本的本田公司曾制造了一个机器人，戴着头盔的员工可通过意念控制机器人的活动。

科学家已经培育了膀胱、气管等器官，在此基础上，将能够培育出肝脏、软骨、鼻子、耳朵、骨骼、皮肤、血管和心脏瓣膜。人们只需取出自己体内的受损器官，然后到人体器官商店，按照需要订购用自身细胞、组织克隆的备用器官，并植入体内。从而使器官损伤或缺损的患者得到医治，而不再会有任何排异反应。

对于人类大脑生理学方面的研究也将突破临界点，继而创造出

可让人类无需睡眠的"机器"，促使人类整个生命历程发生极大的改观。

在充分理解细胞语言的基础上，科学家还将制造出能够支持大脑记忆库的芯片，记忆将能够移植；而且，知识也将能够植入大脑中的生物芯片，并在人脑组装知识芯片，这样，学习某种知识只需要瞬间的微波传输。人类再也不需要死记硬背了，教育制度将发生本质性的转变，以后"上学"，带上传感器就行了，所有学校将消失。

记忆传递示意图

知识传感器

机器人为人类提供任何形式的服务，当然也会包括性服务。人类将造出"真人体性爱机器人"，以满足人类的性需求，这种机器人除了大脑是生化机器外，全身其他部位均由真正的人体所组成。而将要发明的"高仿真性爱机器人"的"皮肤"与"软组织"在视觉和触觉方面的仿真度将达到真人的 99%，温暖、柔软又有弹性。更进一步，让机器人更加智能化，能配合它的主人做出适当的动作和情绪反应，将是下一个研究重点。

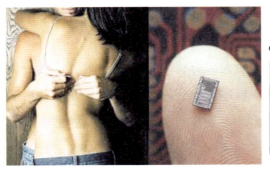

科学家研制出可提高性欲的微型芯片

虽然人类难以找到长生不老药，但科学家已从遗传学和分子学的角度分析梳理出细胞衰老的过程。很多影响衰老快慢的基因，已经在酵母细胞、果蝇及蠕虫内被发现，并且通过"热量控制"延长了昆虫、老鼠、兔子、狗、猫及猴子的寿命，还发现了有可能解释"热量控制"奥秘的 SIR2 基因。

厌倦了每天生活的人们，还可以采用冷冻法将自己"储存"（活人人体冷冻）到未来以寻求刺激；或者等待更高深的医疗技术问世，借以解决目前无法医治的疾病。

活人人体冷冻

人工智能将达到人脑的水平，人机智能对话将成为可能，图灵测试将在某些特定领域变为现实。

　　人工智能将开始代替人类的大部分智力劳动，更多更优良的新型机器将由同属于机器的人工智能设计、制造出来，从而实现机器的设计与制造的全自动化。此外，人工智能还将具备模糊思维、柔性思维能力，从此，地球上将有两种聪明的物种同时存在。智能机器人开始大规模地代替产业工人，机器人也将进入千家万户包揽繁琐的家务。难以想象的舒适生活将使人类过上富有的、游手好闲的日子。人类开始"退休"了，这是走向"后人类"社会的第一步。

　　所有技术发展的成果，必将逐步应用于人自身，步步逼近人类自身的"改造"，使人类更加适应变化的生存环境，降低或减少人类对自然环境的需求，没有经过人工基因改造的人类将越来越少。人类甚至可以将自己的意识下载到超级电脑（或机器人）内，通过数据传输可以使后人类"借壳还魂"，人类将得到"永生"。

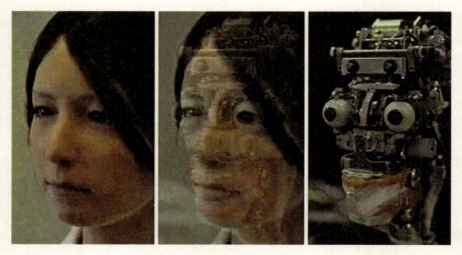

通过数据传输可以使后人类"借壳还魂"

虚拟世界的成瘾和迷幻，使人类逐渐失去自我，改造自身以寻求和适应新的生存环境，直至逐渐演变成或创造出新的"后人类"。不同种族的人们大量通婚、人类存在的种族差别消失；混血产生的新人类没有皮肤颜色的差别，有人据此猜测咖啡色将成为后人类共同的肤色。而为了适应外太空强宇宙辐射的恶劣环境，后人类肤色黝黑，容貌将可以通过基因技术进行私人订制，个个形象俊美，智力惊人。

"永生"人

后人类肤色黝黑，个个形象俊美

　　当科技发展到人类能将个人自我意识转移到机械人时，地球上将形成以"后人类"为主的"后人类社会"。只有机器人才能适应未来地球不断恶化的自然环境，最后将人类文明迁移至外星球。

第三章

科学技术创造出非科幻的"后人类"

后人类——科技的创造

人类自身的改造，出现的新型人类

这里所说的"后人类",就是利用现代科学技术,结合最新理念和审美意识对人类个体进行人工设计、人工改造、人工美化、技术模拟和技术建构,从而形成的一种新人类。这些人不是纯粹的自然人或生物人,而是经过技术加工或电子化、信息化形成的一种"人工人",是地球生物人类的一种异化。这个异化,同人类的自然演化具有同等的分量,不同之处在于人类的演化是由于大自然千百万年的随机性选择,而人类向这种"后人类"的演化,则是依赖科学技术的力量,是人类用自身之力能动性地异化自身。

人类为了补充自身的不足、缺陷,完善自身,一直在做着异化自身的工作,安装义齿、盲人电子眼、盲肠切除、输血、整容、隆胸、植入心脏起搏器、器官移植、试管婴儿,直到将来可能出现的克隆人等。

异化的目的是为了使病人恢复到正常人的标准,或者改善人类的体质或某些物理本性,使人类趋于更加健康、完美。以设计、建构"人工人"为目的的、利用科学技术对人类自身进行改进的异化,是人类一种欲望的膨胀,一种没有极限的"冲动"。如果电子眼能使瞎子恢复视力,那么为什么不顺便让他们能看到红外线,具有夜视或透视能力呢?如果能改变"成血基因"来培养超级运动员,那为什么不能拓展其他实用技术,培养出诸如能冬眠的太空人、能在水下呼吸的鱼人、乃至有超级思维能力的巨脑人?又假如人脑智力可由嵌入的芯片来改善,那么人造脑为什么不能反客为主,甚至成为我们智能(意识)的主体呢?

人类迈过从"补足""完善",到"改造""建构"的这一步跨越,不仅能改变人类的物理本性,还能颠覆人类的思维、精神、人性,从而在地球上创生出一个新的"物种"——"后人类"。

1. 超人工智能

在智能时代里，人类所使用的一切都是智能化的。当智能时代来临，人类将被各种智能设备和智能机器人所包围。

未来如果没有智能机器人，人类将难以适应，就像现在如果没有互联网、没有手机，人类几乎无法生活一样。从你睡醒睁开眼的那一刻，你已经生活在一个智能机器人充斥的环境中：你的家本身就是一个智能机器人，智能卫浴会为你自动调节洗浴水温，智能厨房会为你自动烹饪早餐；等你出门上班时，交通工具会是一辆无人驾驶的机器人汽车；当你走进办公室，你的智能桌子会立刻感应到，为你打开邮箱和一天的工作日程表……

而开启一切智能的端口，只需要一枚带感应和身份认证功能的戒指：如果你想打电话，只需走到桌子旁边，用戒指轻轻敲下桌子，桌子自动调取你的个人通讯录；你想电话呼谁，桌子就可以直接打电话；你走到冰箱前，敲下冰箱，冰箱会自动告诉你哪些水果没有了，你可以在冰箱上直接下单购买；你走到衣橱前，轻敲下衣橱，衣橱会自动告诉你哪几款适合搭配，你甚至可以通过衣橱直接进入淘宝页面，选购新款衣……就像一枚魔戒一样，戒指成了开启一切的万能钥匙。

智能可定义为："一种宽泛的心理能力，能够进行思考、计划、解决问题、抽象思维、理解复杂理念、快速学习和从经验中学习等操作。"铃妲·寇特瑞德州森（教育心理学专家，Linda Gottfredson）所谓"人工智能"，顾名思义，是由人类利用高度发展的现代技术模仿、创造的"人造智能"。

有人将人工智能分为专业人工智能和通用人工智能。专业人工智能定义为面向特定领域的人工智能，例如，在图像识别和语音识别领域，现在的人工智能发展非常快。但在通用人工智能方面，智能机器还很难说比人聪明。人的大脑可以一脑多用，同样一个大脑既可以识别图像，也可以识别音乐，也可以识别语音。但人工智能机器还做不到，现有的人工智能系统，可以说有智能没有智慧，有智商没有情商，会计算不会算计。比如机器人会扫地，不一定会擦桌子。

人工智能是计算机科学的一个分支，旨在创造出一种能用与人类智能相似的方式、完成相关任务的智能机器。理论上，人工智能有强弱两种类型。人工智能并不囿于"机器人"，"机器人"只是人工智能的容器，机器人可以采取人形，也可以不是，但是人工智能却是"机器人"体内的电脑。

弱人工智能（Artificial Narrow Intelligence，ANI）并不力图模仿人。它只是一种以统计为导向的计算机智能，通过其强大的演算能力将海量数据归类，从而完成一些诸如下棋、回答问题、承接预定、进行 GPS 导航之类的任务。完成这些任务的方式却与人类的思维模式大相径庭。你要问它怎样更好地在硬盘上储存数据，它就不知道怎么回答你了。

强人工智能（Artificial General Intelligence，AGI）是靠模仿人类智能的推理、规划、学习、联想，以及语言交流等形式设计而成、在各方面都能和人类比肩的人工智能。人类能干的脑力活，它都能干。强人工智能在进行人类的智能操作时，和人类一样得心应手，可以说是人类级别的人工智能。创造强人工智能比创造弱人工智能难得多。

强人工智能的发展在到达或超越人类智能的奇点时，科技进步的脚步会迅速加快，人类将无法预测、甚至无法理解未来文明的发展。

而超人工智能（Artificial Super Intelligence，ASI），被英国哲学家、知名人工智能思想家尼克·博斯特罗姆（Nick Bostrom）定义为"在几乎所有领域都比最聪明的人类大脑都聪明很多，包括科学创新、通识和社交技能"。超人工智能可以是各方面都比人类强一点，也可以是各方面都比人类强万亿倍。因此，超人工智能引起人类的兴趣、思考和话题越来越多，社会影响也越来越大。

随着科学和工业技术的发展，人工智能有一个从弱人工智能向超人工智能阶段发展的长久过程，但是其发展趋势却是随着发展进程呈指数形式增长。因为，一个更发达的社会，能够继续发展的能力也更强，其发展的速度也就更快。1985—2015年的平均发展速度，要比1955—1985年的平均发展速度要快，因为1985年的世界比1955年的世界更发达、起点更高，所以过去30年的变化要大过此前30年的变化。未来学家雷·库兹韦尔（Ray Kurzweil）把这种人类的加速发展，称作加速回报定律（Law of Accelerating Returns）。按照该定律，人类在21世纪的发展进步或许将是20世纪的1000倍。这样，超人工智能的到来或许就不会是很遥远的事了。

计算机鼻祖科学家高纳德（Donald Knuth）认为，"人工智能已经在几乎所有需要思考的领域都超过了人类，但是在那些人类和其他动物不需要思考就能完成的事情上，还差得很远。"说通俗点，人工智能只是机器人体内的电脑，而对于人类"下意识"的行为：视觉、动态、移动、直觉等，电脑或人工智能要学会这些"F意识"的行为，将会是很艰难的事！要想达到人类级别的智能（人类智能Human Intelligence，HI），电脑必须要理解更高深的东西，比如微小的脸部表情变化，人类情绪、感觉间的区别等。

如果一个人工智能要像人脑一般聪明，达到强人工智能，它至少要具备人脑的运算能力。目前，至少在计算机硬件上已经能够达到强人工智能了。比如，中国的天河二号（每秒能进行3.39亿亿次双精度浮点运算）。但是，运算能力并不能让电脑变得智能，需要的是怎样利用这种运算能力来达到人类水平的智能。

抄袭人脑应该是最简单的办法！科学家正在对人脑"逆向求真"。以理解生物进化如何造就了这个能够进行高效、快速运行的人脑，并且从中获得灵感进行创新。电脑模拟人脑的例子就是人工神经网络。更加极端的"抄袭"方式就是"整脑模拟"了，也就是把人脑细分成很薄的断层，再用软件模拟并准确地组建一个 3D 模型，然后把这个模型装在强力的电脑上。

如果真的能完全模拟人脑，结果也可能是照抄生物设计（仿生学），就好像照抄鸟类翅膀的拍动来造飞机一样。人脑的完全模拟太难了。那么可不可以转向模拟演化出大脑的过程，用模拟演化的方式来制造强人工智能呢？这就是被称之为"基因算法"的软件程序，即建立一个反复运作的表现——评价过程（类似生物通过生存这种方式来表现，并且以能否生养后代为评价）。电脑执行各种任务的过程，最成功的就是会"繁殖"，即把各自的程序融合，产生新的电脑，而不成功的将会被剔除。经过多次的反复后，这个自然选择过程将会产生越来越强大的电脑。而这个方法的难点是建立一个自动化的评价和繁殖过程，使得整个流程能够自己运行。

最后，如果抄袭和模拟之路都行不通，是否可以建造一个能完成两项任务的电脑：研究人工智能，同时修改自己的代码。直接把电脑变成电脑科学家，将提高电脑智能变成电脑自己的任务。

如果人类能够创造出智能程度高于自己的装置的话，那么这些创造物，或者其不远的后代，也能够创造出比其智能更高的智能体。循此以往，智能的指数增长也就顺理成章了。如果技术创造物超过了人类大脑的计算能力，将会出现技术奇点（Technological Singularity），人工智能或将超越人类智能。奇点时代是三个技术领域的共同革命造成的——生物技术、纳米技术和最重要的人工智能技术。

一旦出现能够创造出一连串比自身更智能的智能体，人类就将进入一个新时代。其后，技术发展之快，甚至是现在的人类无法想象的，世界将远远超出人类的理解。

2. 人类智能

2016 年"阿尔法狗"（Alpha Go）与世界围棋高手进行了世纪级人机大战并一举成名，2017 年年初，人工智能对于这千年的古老技艺又发动了新一轮的冲击，Alpha Go 的升级版化身为Master与人进行了 60 场互联网棋局车轮大战，连赢 60 局，横扫几乎所有的中、日、韩三国围棋界的天才与泰斗。

2017 年 1 月 1 日晚 11 时，Master与各路高手在腾讯野狐围棋展开了新的对局，李钦诚、古力、柯洁、党毅飞、江维杰、辜梓豪、朴永训、柁嘉熹、姜东润、井山裕太等人对战后，在这一神秘对手面前纷纷认栽。紧接着在1月4日下午，包括柯洁、朴廷桓、井山裕太、周俊勋、中国棋圣聂卫平等人的著名棋手，在网络围棋中与Master 对战也均告失利。1月4日晚，在对阵申真谞九段、周睿羊九段、古力九段后，Alpha Go 的连胜纪录扩大到了 60 场。

韩国女棋手尹英敏承认"Master 的水平要远高于此前人机对战时的Alpha GO，棋风稳健并极少失误"，并表示"Alpha Go 人工智能的发展速度着实令人吃惊"。

谷歌Deep Mind 创始人兼CEO 戴米斯·哈萨比斯（Demis Hassabis）发表博文，特地提到了在对弈中失败的古力："古力发表博文称，人类和人工智能一起将会很快发现深度学习的奥秘。"英国厄尔斯特大学计算机科学专业教授柯伦（Kevin Curran）表示："增强学习加上'树搜索'而成的算法，的确有效增加了'胜率'，这是 Alpha Go 优于最厉害的人类围棋选手的地方"。

人工智能的范畴很广，但最引人关注的是其中的机器学习。近年来，机器学习中的"深度学习"更是吸引人类眼球。确实，机器更擅长处理复杂的理性问题，因此在许多特定领域，机器学习所带来的智能将会逐渐改变传统的模式。

"深度学习"技术的关键是深度神经网络。在 Alpha Go 中采用了两种不同的神经网络：一种是策略网络，用来预测下一步；另一种是价值网络，用以预测棋盘上不同的分布会带来怎样的差异结果。这两种方法将复杂的"搜索树"降低到可操作的规模，无需每着一棋都要考虑上百种步数，只要考虑策略网络提供的几十种最有前景的步法。搜索过程所依靠的是某种与想象力很相似的东西。

Master "颠覆了棋理性"，许多看起来不合定理、甚至已经被认为是有亏损的下法被毫不犹豫地采用，但最终效果却令人满意。聂卫平说："Master 颠覆了多年的定式。而且最后证明它的选择都成立。" "大部分还是和人类棋手一样的下法，但下的棋数多了后，就出现了很多出人意料的下法。" 在围棋的对局中，AI 的每一步并不执拗于局部优势，而在于全局的胜率。这种被带上哲学意味的弈棋方式似乎也和人类一样，深谙棋道，甚至理解更深。

在国际象棋界，人类敌不过人工智能几乎是一个不争的现实，曾经在比赛中有职业棋手偷偷使用软件来分析棋局的作弊丑闻。这似乎证明人工智能已经坐上了一个更高的"王位"。而在围棋这一最后的"疆场"，人类也宣告了"城池"的失守，人类的"骄傲"逐渐破灭！

柯伦教授提醒人们，不应忘记当初谷歌的 Deep Mind 团队研究人工智能技术的"初心"并不仅仅在于研发一套围棋比赛工具，而且是为了将来能够更好地把人工智能科技应用到医疗、机器人、无人驾驶汽车、农业、金融等为人类服务的行业当中。"这才是如今科技发展最让人惊艳的地方。"

那么，人工智能的下一个"战场"，将剑指何方？人类有应战的能力吗？又该如何决策？

或许，现在应该专注于研发足以增强人类智能的科技。

布莱恩·约翰逊说："未来并不是人工智能与人类的对决，而是创造两者相结合的更高级的人类智能。" 在人脑中植入相关设备，释放人类大脑的力量，改善人类的认知能力。

所谓的人工智能（Artificial Intelligence, AI）只是一个过渡阶段，充分融合人工智能的人类智能（Human Intelligence，HI）才是智能的更高级形态。而这一切已经开始了。

2014 年，移动支付初创企业Brain treede的创始人布莱恩·约翰逊（Bryan Johnson）用 1 亿美元的个人资产推出了 OS 基金（OS Fund），旨在帮助那些想要通过重写生命操作系统来造福人类的发明家和科学家。布莱恩的投资对象包括：致力于治愈老龄化疾病并将人类健康寿命延伸到"100+" 的基因组学公司（Human Longevity Inc.）、利用人工智能复制人类视觉皮层的人工智能创业公司（Vicarious）、扩大人类天然资源基础的小行星勘探公司（Planetary Resources Inc.）、利用无人机开辟偏远交通系统科技公司（Matternet）、加快技术进步的教育（奇点大学）、利用生物学重新定义食物的高科技食品公司（Hampton Creek）、揭秘生物学编程语言的生物科技初创公司（Emulate、Gingko Bioworks、Lygos、Pivot Bio、Synthego、Synthetic Genomics），以及数字化模拟公司（3 Scan、Emerald Cloud Lab、Plethora、Tempo Automation、Viv）等。

目前，布莱恩正将其时间、精力和资源投入开发人类智能的新创公司 Kernel，并且正在将人类智能的设想变为现实。其主要利用的是神经修复技术（Neuroprosthetics），这种技术设备不需要植入头骨之下，而是通过"劫持"神经代码来促进脑细胞之间的联系。神经代码可以控制大脑储存和回想关键信息功能，神经修复术可以纠正错误信号以改善认知障碍。Kernel 公司的创立基于南加州大学（USC）15 年多的学术研究，并由美国国立卫生研究院（National Institutes of Health，NIH）、美国国防部高级研究计划局（DARPA）及其他部门资助，未来将开始进行人体试验。

那么，什么是人类智能？神经修复技术又是什么？它们和人工智能又有什么联系？

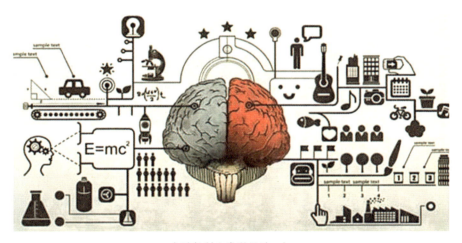

大脑控制人类所做的一切

脑机接口（BCI）、神经织网（Neural Lace）

人类大脑由1000亿个神经元细胞组成，构成100万亿个突触连接。这些神经元组成的大脑系统加上感觉器官（如眼睛、耳朵），塑造了人类感知世界的方式，并控制人类所做的一切，包括思考和感觉。

当然，这个系统有时也可能受损、失效，这就需要神经义肢（Neuroprosthesis）。"神经义肢"指的是使用电子装置来代替受损神经系统或感觉器官的功能。

神经义肢和神经修复技术已经研究发展很多年了，比如第一例帮助聋人获得听觉的"人工耳蜗植入"是在 1957 年，从那时起，全球已超过 35 万例人工耳蜗植入，帮助聋人恢复听力并大大提高生活质量。人工耳蜗被研究人员称之为脑机接口（BCI）：大脑中枢神经系统（CNS）与外部计算设备之间的直接信号通路。人类在这一领域的逐步成功，给脑机接口技术的研发以极大的鼓舞，使得人类充满信心地去实现将外部数字世界与大脑 CNS 无缝连接，以增强或修复人类的感知。

脑机接口技术

如果人类能够模拟这一自然功能，并且能够恢复神经电路或者仅仅只是能维护神经电路，那么，能否更进一步做到改善神经电路呢？能够有选择性地强化或者弱化某些记忆吗？

科幻小说家伊恩·班克斯（Iain M Banks）描述过，将一个非常精细的"神经织网"植入到人类大脑中，作为无线脑机接口，根据指令释放特定的化学物质。这个科幻小说中天马行空的想法，类似 Kernel 这样的科技公司正在努力使其变为现实，一旦成功，人类将会拥有强大的脑机接口，从而能够快速修复和增强大脑功能，能模拟神经元放电的自然功能，能用类似合成生物学或基因编码技术解密生物编码的方式来解密神经编码，能够设法读取和写入神经元信息。最终，将有可能使人类与人工智能"合二为一"，形成另一种更高级的人类智能。

设在美国加州硅谷的奇点大学（Singularity University，简称SU）校长雷·库兹韦尔是一位杰出的技术专家、未来学家，同时也是谷歌（Google）工程主管，专注于人工智能和语言处理研究，其关于未来的技术预测，比任何其他人更准确。自20世纪90年代以来，库兹韦尔所做的147项预测中，有115项已被证明是正确的，另外12项已被证明是"基本正确"（延迟一年或两年后），预测准确率高达86%。

库兹韦尔，不久之前又做出一项惊人预测："到21世纪30年代初，人类就能将纳米机器人（通过毛细血管）输送至大脑。这将从人体神经系统中为人类提供完全沉浸式虚拟现实，并将大脑新皮层连接到云存储上，就像当今利用无线云存储能将智能手机功能扩展1万倍一样，人类也将能够在云存储中扩展大脑新皮层功能。"

随着信息技术的奇点的到来，基于电脑能力的大幅增强、成本的大幅下降，人工智能创造物的数量将是整个人类智慧创造物数量的约十亿倍。不仅如此，人工智能将超越人脑，人类的意义彻底改变。人类将与机器融合为"超人类"，并借助科技的发展而获得"永生"。

因此，"后人类社会"是由人工智能，尤其是超人工智能掌控的人类社会。

不妨设想一下，一旦建造出处理能力超过人类大脑且具备有自我感知软件、智能超越人类的计算机，它们必将显示出人工智能运行速度的优势。处理速度越快，人工智能进行人类的思考所需时间越少，并不断加快人类所需要处理问题或事项的速度，以至在遥远的未来甚至会有超人类智能和快得难以置信的强大处理能力，从而软件在形成新结论并试图逐步改进自己的时候，将能够重写自身代码。毫不夸张地说，这样的场景一定会令人类惊叹不已，甚至无所适从。

通过改变大脑结构，或者将人类的思维"导出"到那些智能体运行所在的硬件上，将会使得人类能够突破自身的处理能力以及记忆的限制。一个超人工智能的诞生，就像一个全能的上帝降临地球一般，那些看来超自然的，只属于全能的上帝的能力，对于一个超人工智能来说可能就像按一下电灯开关那么简单。防止人类衰老、治疗各种不治之症、解决世界饥荒，甚至让人类永生，或者操纵气候来保护地球的未来，这一切或许都将变成可能。

然而，这也将预示着地球上所有的生命可能终结。

企业家埃隆·穆斯克（Elon Musk）就曾直言不讳地指出了人工智能将带来的风险："在电影《终结者》中，人们创造出人工智能机器，并非为了让它们来消灭人类、统治世界，出现这样的结局是人类万万没想到的，更非人类所愿。这就像巨蟒剧团（Monty Python，英国戏剧团体）作品里的那句台词一样：没人愿意看到西班牙异端裁判所（The Spanish Inquisition）出现。尽管人工智能是我们了解的领域，但我们仍需万分小心。"而且，埃隆并非是唯一为此担忧的人，比尔·盖茨（Bill Gates）同样也表达了他的担忧，斯蒂芬·霍金（Stephen Hawking）则更将这种担心说得透彻惊人："我们已经证明初级人工智能用处多多，但我担心全方位人工智能的发展将使人类走向末日。一旦人类不断发展人工智能，有朝一日，它终将加速重新设计和完善自己。而人类却受限于缓慢的生物演化过程，无法与之竞争，并终将被其取代。"这是智者对人工智能技术飞速发展的忧虑，也是在发展科学技术的过程中，给人类发出的必须慎重对待技术伦理问题的警醒！

人类总是在不断地创造智能工具，工具总是作为人类自身功能的扩展，用以增加人类自身的智慧。随着工具日益变得越来越复杂、越来越巧妙，人类开始将工具与生物体结合，并在智能方面取得了指数式的飞跃。从而工具将改变人类这一物种，或者说人类正通过工具来自我进化。因此，人类正从自然选择的演化（达尔文主义）走向智能化方向的演化。

未来正以令人难以置信的步伐向我们走来。

诗人艾略特说过："去年的话属于去年的语言，明年的话等待另一种声音。"然而，随着人工智能的飞速发展，人类或许无需再成年累月地等待，意料之外的改变正分分秒秒地向我们袭来。

3. 人类的组装

变形金刚对现代人已经是再熟悉不过的形象了。但是否有人想到过，"人"也可以利用各种材料和各种方法拼接组装起来？是否有人想到过，人类可以生产各种器官，并将各种器官拼接在一起，从而组装成一个人？

其实，人类为了修补身体的缺陷，改善病患机体的健康，已经在进行假肢、义齿的安装，以及器官移植、试管婴儿等的"组装"行为。

随着科学与工业技术的发展，用智能机器来装备、改造人类，创生"后人类"，或许也是应有之义。用基因克隆技术制备的人体器官、组织；3D打印的各种组织和器官；用微机器人、电子元件制造出各种复杂的、定制化的设备和芯片来组装人；甚至，可利用微型机器人从事电子组装及活组织装配的工作。

"人类基因组计划"的目的，是要测定人类基因组的全部 DNA

序列，最终破译人体的遗传密码，揭示人类生命的奥秘。人体遗传密码一旦被完全掌握，人类就获得了重新设计自己的能力，从而可按照自己的要求通过基因技术将自己的后代组装成"品牌婴儿"，或者升级自己。比如，更换更强大的心脏，更大的生殖器，让自己有鹰一样的眼睛等。这种种设想，在"后人类"时代或许就不再是匪夷所思的事情了。

人工智能将逼近人类智能的发展，生物工程也在加速其他物种的人工进化，种群相对更为单一的人类若不改变自己，特别是不加速智力的人工进化，在不远的将来，就会遭遇人造新物种和机器高智能的双重挑战，难以避免优胜劣汰的结局。尽管人类处于自然演化的顶层，但自然的演化十分缓慢，也并非尽善尽美。因此，人类不能一直等待自然的恩赐，而需要依靠自己的努力来掌握自己演化的方向，需要将基因技术与智能技术结合起来，形成新的智力技术，对人进行基因设计，特别是脑的设计，展现人的价值，尤其是高智能的价值。

人类与机器人融合

人类能够通过怎样的手段来组装有机生命呢

组成生命体的分子是一种有机多分子体系。生命形成的步骤是：生命的构成元素如碳、氢、氧、氮、磷、硫等，在自然界阳光、闪电等外在能量的作用下，首先生成如氨基酸、核苷酸等，有机小分子，然后在原始海洋中从有机小分子物质聚合成生物大分子物质，接着从生物大分子物质组成有机多分子体系，最后由有机多分子体系演变为原始细胞生命。

上述生命形成的前三个步骤已经经过实验证实，而上述演化的最后一步却仅仅是一种理论猜测。不过，无论如何，必须首先制造出复杂的有机大分子，从而组装出生物活细胞，最后才能组装成功活生生的有机生命体。

活细胞是相当复杂的，它的构成物包括核酸、蛋白质、双螺旋结构的 DNA 链等复杂的有机大分子。活细胞必须拥有一套完整的获得能量及利用能量的系统，具有储存生命信息的能力，能够生长、分裂、自我复制，将信息"遗传"下去，并积累"演化"所需的"变异"。构成活细胞的核酸、蛋白质、双螺旋结构的 DNA 链等复杂的有机大分子的合成将是一大难题，这就需要纳米技术来一显身手了。

高分子材料的纳米化，依赖于高分子的纳米合成，其合成方法既包括分子层次上的化学方法，也包括分子以上层次的物理方法。利用外场（温度场、溶剂场、电场、磁场、力场和微重力场等）的作用，在一个确定的空间或环境中移动分子，采用自组装、自组合或自合成等方法，依靠分子间的相互作用，来构建具有特殊结构形态的分子聚集体。如果，再在该分子聚集体中引发化学成键，则能得到具有高度准确的多级结构的高分子；或者，在成型加工过程中控制高分子融体的流动，调节高分子的结构形态，从而控制高分子材料的使用性质。这就是高分子的分子设计。

目前，计算模拟及合成出的高分子，虽说也能模仿蛋白质分子的自组装，但却没有蛋白质分子那样的生命活性。这是因为合成高分子的分子链缺少确定的序列结构，不能形成特定的链折叠。如果在合成高分子膜的表面附着上蛋白质分子，或者是有特定序列结构的合成高分子，研究这些表面分子折叠的方法、规律、结构和活性，形成具有生命活性功能，比如排斥和识别功能的软有序结构，再通过化学环境、温度和应力等外场来调节这些软有序结构，从而控制外界信号向合成膜内的传递，实现生物活性的形成和调控，就可以尝试合成高分子生命材料。

在机器人中植入器官，组装并嵌入知识、意识、经验和记忆芯片。模仿人类大脑结构的大规模的"神经形态"芯片，将被设计成用更接近活体大脑的方式来处理信息，然后将自己的意识扫描进电脑，从而"活"在虚拟世界，或者将身体变成机器人。机器人有自动转换功能，并且使用形状记忆复合材料，然后通过这些记忆材料创建基本的折叠模式，通过复杂的计算，可以使机器人自动组装。

美国国家太空协会的科学家马克·霍普金斯曾提出，可以把能够自身繁殖的机器人送到遥远的星球上，让其在新的星球上自动繁殖，并建立一个完整的工业文明，使其后到达的人类可以坐享其成。当然，这些机器人也可以携带人类的 DNA，一旦时机成熟，就能"量产"人类。

4. "后人类"——超人工智能掌控的人类

只有超人工智能的"机器人"才能适应未来地球不断恶化的自然环境，甚至最后将人类文明迁移至外星球。

电脑和人工智能技术的不断发展，使得人类的自我改造有了更大的希望和实现的可能。因此，当强人工智能可以达到自我改进的程度时，人工智能的步伐就不再是人类所能控制的，也就是说强人工智能向超人工智能的转化速度是无可限量的！当科技将人工智能发展到能将人类的自我意识转移到机器人时，超人工智能将被创造出来，对人类来说，这就像一个全能的"上帝"降临地球一般，它将创造新的超人类——后人类，并非历经旷世磨难的生物演化而成的"后人类"。人类将进入"后人类"时代，有三种方式可能让智慧设计取代自然选择：仿生工程（cyborg engineering）、生物工程（biological engineering）与无机生命（inorganic life）工程。

仿生工程——改变人类的"赛博格"

赛博格（Cyborg）可以描述为用医学、生物学、仿生学等技术对有机体进行控制，并与有机体融洽地构成一个和谐稳定的系统。其实，在某种意义上，现代的人类多多少少都是生化人，人类早已习以为常地用各种设备来辅助我们的感官和能力，比如眼镜、心脏起搏器等，甚至还包括计算机和手机（这样可以减轻人类大脑所要储存及处理数据的一些负担）。

生化人

以色列耶路撒冷希伯来大学 (The Hebrew University of Jerusalem) 的尤瓦尔·诺亚 哈拉瑞 (Yuval Noah Harari) 教授2015 年曾经预测：出于自我提升的需要，人类将在 200 年内进化为神圣的生化人。

他在文章中写道："人身处太空，除了要控制太空舱的飞行，还必须时刻检查周围是否正常，并做出相应调整，确保自己的安全。这样，他就沦为了太空舱的奴隶。生化人自身有一个平衡系统，可以通过组织系统解决类似机器人的问题，从而让他们自动和无意识地进行自我控制，让生化人可以自由地去探索、创造、思考以及感知世界。"

"生化人"（英文 cyborg，赛博格），也有人称其为 "义体人类"或"机械化有机体"，是"以机械替换人类身体的一部分，并将大脑与机械相连接的系统"。简单来说，就是以机械代替人体的部分组织、器官，同时通过大脑与机械连接的方式进行操控，是半人半机器。

赛博格这个词最早出现在曼弗雷德·克莱尼斯（Manfred Clynes）和内森·S·克莱恩（Nathan S. Kline）于 1960 年发表的一篇文章中，他们提出一种大胆的设想：通过机械、药物等技术手段对人体进行拓展，以提高人类无意识的自我控制能力，形成一个"自我调节的人机系统"，从而使宇航员的身体性能得到增强，以更好地适应外太空严酷的生存环境。为了阐明这一观点，他们选取了"控制论"（cybernetics）与"有机体"（organism）两词的词首造出"赛博格"（Cyborg）一词。以后，赛博格成了一个不断出现在许多经典科幻作品中的科幻概念。

1995 年上映的《攻壳机动队》中的草薙素子，就是标准的赛博格。她除了脑部，身体的其他部位全是机械改造的"义体"，与此同时还配备了一个可以接入全球网络的"生化副脑"。漫画家作者士郎正宗借"赛博格"以阐发"后人类"时代可能会遭遇的科技发展与人类社会的对立问题。

草薙素子

在更早时候上映的《银翼杀手》，围绕主人公戴克奉命追杀潜逃的"复制人"这一主题展开。片中的"复制人"有躯体、被植入了自我意识，成了典型的赛博格。

银翼杀手

随着科学技术的发展，"赛博格"概念或术语逐渐渗透到前沿科技中。例如，被用于描述依赖修复术和植入物的病人。在实用领域出现的探索成果有仿生臂（bionic arms）（一种通过电极联接神经系统和计算机的技术）、义眼相机（prosthetic eye camera），以及形象生动的"拇指驱动"（thumb drive）等，这都昭示着人类对现代技术的逐渐依赖。

美国军方研究机构——美国国防部高级研究计划局（DARPA），曾宣布建立一个生物技术办公室（BTO），以"探究生物学和物理学科之间日益紧密的动态交叉"。他们希望为未来的士兵研发更加先进的用意念控制的机械臂和神经接口，以及运用控制论提出失血过多和创伤后应急障碍（PTSD）的解决方案。甚至，还有人提倡开展人造心脏和脑植入物的研究，以降低犯罪率。

日本 NHK 电视台2005年拍摄的纪录片《最前线报告：改变人类的赛博格技术》，以全景式的视角介绍了当今世界赛博格技术的发展情况，展示了"赛博格"技术在医疗等领域的应用。其中提到的例子有：美国田纳西州的一名男子因触电事故失去了双臂，如今，他装上了能随心所欲、活动自如的人工手臂；另一位完全失明的加拿大男子，把摄影机拍摄的影像直接传送到脑内，重见了光明。赛博格技术使人类重获新生，并分享了人类前所未有的新感觉。

在此纪录片拍摄之后，美国军方投入资金用于人类外骨骼的研究，期望研制出适合未来单兵作战的动力外骨骼装甲（事实上这和真正的"赛博格"还有很大的差距）。好莱坞科幻电影《阿凡达》中出现的"移动扩增平台装甲 (AMP)"，为军方提供了很多借鉴和思考。其后，"动力外骨骼"技术不断发展，在《第九区》《明日边缘》电影中，"赛博格"技术得到了更为真实的再现。

《阿凡达》中"移动扩增平台"装甲

《明日边缘》中的"动力外骨骼"装甲

事实上，人类已经在进行或实施着生化人的各种相关研究，并取得成果。通过神经植入物和微芯片植入，来控制宿主动物的行为，可以得到更多的仿生能力。例如，生化耳、人工视网膜、生化手臂，以及脑电波转化为信号、语言，甚至有"读心"的能力等。在目前所有的研究当中，最具突破性和关键性的是要建构一个直接的人脑——计算机双向接口，使计算机能够读取人脑的电子信号，同时又能输入脑能够了解的电子信号。这种设备一旦成功，就可直接将大脑联结上网络，或是让几个大脑彼此相连而形成"脑际网络"，那么大脑就能够直接存取集体的共同记忆库数据，生化人也就能够取得他人的记忆，就像是自己的记忆一样。

上述种种对于人类的记忆、意识和身份认同，将会产生什么影响？这样的集体记忆概念，对于自我和性别认同又会有什么影响？在这种时候，我们要怎么"认识自我"？又怎么区分哪些才是真正属于自己的梦想，而不是集体记忆中的愿望？

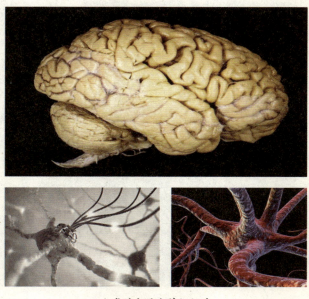

人类的大脑和神经细胞

将人类的思想复制到电脑里，以"克隆"人脑的过程，亦即把人类思想架构通过生物基质复制到电子或信息产品中的过程，将会创生出变体精灵（infomorphs）。复制人类思维将能提高智能人重新编程生活的能力，使之更聪慧、更开心；同时，还可以减少对环境的依赖，超脱于物理定律之外并获得永生。

人类的大脑是一个重达三磅（1.4 千克）的果冻状脂肪和组织的物质。它是目前已知的所有生命结构中最复杂的器官，有多达10000 亿个神经细胞，可以协调身体各部分的动作和心理过程，使人类区别于其他物种。

人类大脑中的神经细胞（元）是相互关联的，它可以传递电脉冲和信息至其他细胞。那么，人类真能复制这样复杂的一个物质吗？其后果又会是怎样呢？

大脑奥秘始终是人类关注和探索的热点，更是现代科学面临的最大挑战。进入 21 世纪后，随着新型成像技术、汇聚技术，以及基于计算和信息通信技术平台的出现，神经环路、计算神经科学、脑机接口等领域不断取得突破，脑科学研究的时代才真正到来。

世界各主要国家竞相出台关于脑研究的计划。

2004 年，美国推出"神经科学研究蓝图"框架；2011年发布神经科学 10 年计划：从分子到脑健康；2013 年 4 月，美国政府正式公布"推进创新神经技术脑研究计划"，宣布在大脑结构图建立、神经回路操作工具开发、大规模神经网络记录技术开发等领域开展重点资助研究。

2002—2009 年，欧盟资助了 150 多个脑科学研究项目，并在此基础上，于2013 年正式提出"人脑计划"，试图以超级计算机技术来模拟脑功能，在未来神经科学、未来医学和未来计算等领域，开发出新的前沿医学和信息技术。

加拿大、日本、德国、法国、英国等国家也先后推出本国的脑科学研究计划，主要聚焦在研究各种脑功能和脑疾病机理。许多世界级企业也纷纷推出自己的人工智能大脑计划，例如，谷歌实验室和IBM致力于构建庞大的人脑神经网络模拟系统。

许多国家将脑功能障碍疾病诊治放在突出位置，如自闭症、心理障碍、抑郁症，以及神经衰退、阿尔茨海默综合征、帕金森综合征等疾病是这项计划首先要攻克的目标。

全球范围的"脑计划"启动以来，围绕大脑开展的科技创新和科学发现成果众多，神经标记和神经环路追踪技术、大脑成像技术、神经调节技术、神经信息处理平台等多个研究领域取得进展。

在美国，2012年哈佛大学在脑结构的研究方面取得突破，开发出新型核磁共振扫描技术，使精准探索大脑内部结构成为可能。2014年威斯康星大学依托可靠的神经接口技术，开发出脑结构研究新技术，使大脑神经网络活动可视化逐步实现。

在脑机接口技术方面，人类用意念控制物体的设想终于实现，大脑控制外部设备，以及大脑控制另一生物体的异体控制技术均已取得成功。借助脑电设备，日本研发的脑控自行车、德国的脑控汽车、美国的脑控机器人等新技术层出不穷。2016年，美国脑控无人机大赛上，"意念"操控无人机飞行距离达到9米。我国基于脑机交互技术，也已经实现了脑电波控制机器人的动作和飞行器的飞行状态等（借助脑电设备，实现了用"意念"控制无人机和机器人的脑控实验）。[11]

在类脑研究方面，德国科学家于2013年制造出纳米忆阻器元件，随后美国和澳大利亚学者通过纳米尺度的忆阻器矩阵，制造出世界首个能模仿人脑的电子记忆细胞。与此同时，模仿人脑神经形态的芯片、具备人脑处理功能的仿脑处理器、认知计算机技术等智能技术也纷纷问世。

随着脑计划发展战略的推进，脑科学技术在军事领域的作用和潜在价值日益凸显。脑科学的发展为作战理论变革、武器装备智能化发展带来了重大机遇。"制脑权"已成为世界军事科技竞争的最前沿，未来军事较量最具挑战性的领域，其军事应用前景主要体现在"仿脑""脑控""超脑""控脑"四个方面。

智能战士

"仿脑"主要是通过借鉴人脑运行机理，开发出具备人类识别、推理和判断能力的信息处理系统，以及智能武器装备或高智能机器人。目前，这类装备已经从实验室进入实际应用，美国、俄罗斯、日本等国均装备有此类高智能的机器人。

"脑控"则是借助脑机交互技术实现人与机器的高效融合，从系统层面提升武器的战斗效能，从而突破人类适应复杂战场环境的生理极限。美国国防高级研究计划局开展的"阿凡达"尖端军事科研项目，就是通过开发"外骨骼服"来扩展人的机能，借以更好地控制进攻性武器和系统。

"超脑"是采用电磁、超声波、激光等实施神经刺激、激活大脑，以激发大脑功能、达到智力、感知力、注意力等人体机能的提升。美国有个"不眠战士"计划，就是采用"温和"电刺激大脑的方式帮助士兵在高风险军事行动中保持长时间的高度清醒和警觉。

　　"控脑"是利用技术手段实现对人的神经活动、思维能力等进行干扰甚至控制。

　　人类自演化以来，大脑几乎没有再发生变化，尽管人类已能探究量子和宇宙的秘密，但是人类对真实世界的理解力和认识仍然非常有限。而电脑与人脑的学习方式不同，电脑内部的网络比人类大脑虽然简单得多，但传输速度的快捷弥补了这一缺陷。电脑光速级的"神经传递"要比人脑中的化学传递快几百万倍；电脑瞬间能处理百万张图像来识别人脸、猫脸或狗脸，还可以用这种方式来完成多种语言的翻译。更为可贵的是，电脑对这种处理方式从不会像人类那样产生厌烦而感到无聊。

　　显然，智能机器终有一天会超越人类的能力，最能理解宇宙的将是机器而不是人类的有机大脑，"后人类"时代将会是一个被机器主导的时代，这种主导甚至会超出地球，拓展到宇宙。尽管这可能要花费好几个世纪，但比起人类亿万年的演化，只不过是转瞬之间。这种超越人类的文明，将完成无法想象的演化。

　　1996 年，俄罗斯人工智能理论学家亚历山大·基斯连科（Alexander Chislenko）借用变体精灵来描述一种在理论上存在的智能体。这些"网络连体人"共享知识或经验时，比人类的速度要快很多，从而使得"个体"的定义发生巨大变化。个体的形体并不影响其思维，它们对很多人类的意识形态感觉陌生，甚至讶异！

　　但是，复制人类思维，制造超越人类的"变体精灵"，仍然疑窦丛生，存在很多问题。一些反对观点认为，人类智能由脑细胞的活动构成，这些不可捉摸的脑细胞并非线性地交织在一起，因此，复制它是不可能的。更何况人类目前根本就不知道意识是以什么形态存在。

此外，研究发展类似科技也还存在伦理道德方面的问题。譬如，人类还无法获知科技能否实现思维复制，又怎么能断定上传的是有意识的思维？也许仅仅停留在模仿人类行为的表面，却根本没有思想。当然，滥用、篡改变体精灵更是一大问题。还有人觉得，赛博格的形象冷酷无情而又枯燥无味，它们奉行同化主义，意欲将宇宙内所有感知物种同化为单一的"集体"智能物种，向"集体"智能物种演化，让那些个体在"群居"中享受快乐与自由。事实上，互联网与社交媒体已经让人类相互间的关系更加密切，将互联网中的视频、音频以及电机控制信息通过电极传导至大脑，正是向"集体"的过渡。

其实，技术与互联的集成，并不意味着个性的磨灭，而仅仅是将沟通变得更加方便，从而使人类构成命运共同体，在一个新兴的全球集体意识里更好地表达自我、相互依存。从本质上来说，当人种演变为超人实体，其能力将远超个体。它可以针对复杂目标制定出更为有效的方案，可以把群体项目协调得更加融洽谐和，个体之间的距离也由此变得更加紧密，更好地了解彼此。

人类的旧哲学体系中，人是与动物、机械这些"非人"之物泾渭分明的，这也是人之为人的首要界限。演化论刚刚出现时遭受到的抵制，工业革命后兴起的毁坏机器、返回自然的思潮，都是意欲维持这一界限。而如今，赛博格正在打破这些界限。可以被意念控制的义肢也正在模糊人与机器的界限，更加聪明的人工智能正在模糊程序与人类心智的界限，流行的工业设计在模糊自然与人工的概念。几乎可以说，赛博格就是对界限的模糊。界限的模糊或许就是同化的开始，值此历史关头，人类不仅要直面意识中对迷失自我的恐惧，还要承受来自病毒及黑客的威胁，更不用说技术最终由谁掌控的忧虑始终萦绕心头。

毕竟，大众社交媒体衍生出的蜂群思维[12]，与军工铁三角[13]（the military-industrial complex）研发出的兼具士兵与秘密警察特质的蜂群思维不同。因此有人认为，赛博格开发得越多，缺陷也越多（比方说，极易感染上致命的模因[14]，而这就要求每个个体都要严格保持精神卫生）；团体迷思的可能性也会大大增加；此外，集体内部的个人本位与"群居"寄生问题也将日益凸显。

这样的生化人已经不再属于人类，甚至也不再属于有机生物，而是完全不同的全新物种。这将是根本意义上的改变，其中的哲学、心理或政治影响可能都已不在人类的掌握之中。

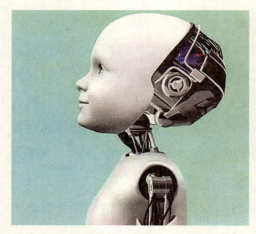 

智能人

人类已经将未来的机器与人的结合体命名为：智能人（Homo electricus）

转基因人类——基因改造人

如果说"赛博格"技术作用于人类的"外在"，那么"基因改造"技术则作用于人类的"内在"。基因改造就是以生物技术重

110

组 DNA，将脱氧核糖核酸（DNA）从生物中分离出来进行重组，使（删／增）染色体后的基因在受体内起作用，以干预生物体遗传特性。"转基因人类"也无非是改造人体基因（包括重写基因、替换基因等手段），以实现修正基因缺陷、改变人体机能等目的。

"基因改造技术"早已在科学实验中得到广泛的认可，技术日趋成熟和稳定，有些还实现或投入了生物应用。前者典型如生物克隆，后者典型如转基因食品。转基因动物的染色体有人为植入的外源基因，人类已经采用这种科学技术方法，培养夜光老鼠、培养靠冷光色料改变基因的荧光鱼 (Glofish)等，甚至还试图让猛犸象起死回生。转基因工程和其他各种生物工程技术的发展，可能会带来影响深远的改变，而"基因改造人"，尽管其背后所蕴含的价值不可估量，但事关人类伦理和道德的问题，却要慎之又慎。

智人的种种能力、需求和欲望都根源于智人的基因，而智人的基因组只比田鼠或老鼠复杂了 14%（老鼠的基因组有大约 25 亿个碱基，智人约有 29 亿个）。用转基因灵长类动物来研究人类，用转基因改造人类，可以把其他物种的天性移植到人类身上，如声波定位、敏锐感官，或者产生光合作用、所需营养自给自足等，可使人类从其他动物中获得基因优势；人类也可以借由黑猩猩的基因移植，来增加肌肉强度，提升记忆力，增强规划能力。

转基因技术不仅能够改变人类的生理、免疫系统和寿命长短，甚至还能改变人类的智力和情感能力。如果基因工程可以创造出天才老鼠，为什么不能创造天才的人呢？如果基因工程可以让两只田鼠长相厮守，为何不让人类也是天生彼此忠贞不渝？

基因改造不仅能改变啮齿动物的个体能力，甚至有可能改变它们的社会结构。那么，对人类是否也能如法炮制？人类本来只是想治疗阿兹海默症，结果发现药物的副作用能大幅增进健康人的记忆力，那么人类将会怎样面对？等到药物开发生产之后，能够规定这一药物只能用于治疗阿兹海默征，而其他健康人不得用于获取超级记忆力？

制造转基因人类时先要将合适的转基因隔离，在合适的时间用恰当的方法刺激表达，然后再植入人体细胞，进行组织培养。转基因人类的细胞核，需要放置于无核卵细胞中，使其生长分裂，然后再把发育中的胚胎植入子宫让其成形。以上这些步骤均有现成的技术可用，人类和非人类基因早已通过试管和干细胞实验的副产品混合起来。2017中国深商大会上，中国华大基因董事长汪建甚至放言："未来的5~10年，我们可以化学合成任何生命。"未来人造生命的进展可能比人工智能还快，这并不是开玩笑。他同时认为，化学合成的人造生命带来的伦理问题、道德问题、宗教问题和法律问题会更大，但不管你喜不喜欢，它都来了。

但是，人类自身的基因改造不同于"赛博格"技术，基因嵌接、克隆技术等转基因技术将会模糊物种之间的界限。因此，在某种程度上，"基因改造人"是当今生物基因技术研究的一个"禁区"。无论在科幻作品还是在现实社会中，"基因改造人"都是一个敏感的话题，人类滥用基因技术极有可能引发严重的后果。

2012年，一组美国科学家宣称通过基因改造技术治愈了一对夫妇的不孕不育，并诞生了3个所谓的"转基因婴儿"。此结果一出，引发了激烈的伦理讨论，尽管事后有证据指出这是一次伪造实验，但依旧让"基因改造人"这个话题成为焦点。

20世纪40年代，关于基因的"改造、交换、突变"的概念风靡于世，在技术风潮愈演愈烈的背景下，引发了人们对"基因改造人"的批判性思考，导致了科幻片《变蝇人》在50年代的出笼：科学家塞斯发明了一台可以分解再还原物体的"电动传送机"（其实就是典型的用于基因改造的机器），在一次亲身实验中不慎与一只苍蝇进行了融合，塞斯于是拥有了苍蝇的基因，最终变成了一个"蝇人"。

1958 年版《变蝇人》

到了新世纪，在基因技术进一步发展的背景下，人类重新对"基因改造人"做了进一步的探讨。2009 年的科幻片《人兽杂交》比《变蝇人》更进一步，混入了女主人公的基因，最终的产物则是一个雌雄同体的怪物，其中又涉及男女主人公对此种造物的哺育、男主人公与其性交的情节，来深入展开伦理与道德层面的探讨。

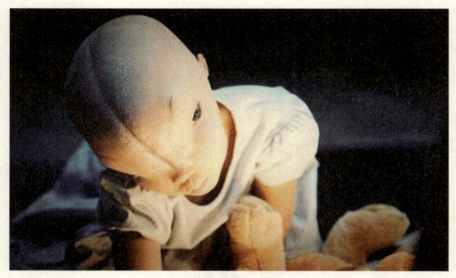

人兽杂交产物

由此可见，"基因改造技术"实验于人类自身，还需解决伦理、道德层面的问题，而囿于此种限制，在技术的可靠性、可控性上，短期均无法取得突破性进展。

有人担心会迎来对"转基因人类"（专门用于做有关转基因医学实验的一类人种）限制的大开放。此外，还有"物种焦虑"的恐惧。加拿大和美国部分地区已经立法，禁止制造"多物种嵌合怪物"。由于体外受精以及胚胎移植和克隆技术的发展，很难防止意外或故意地通过基因技术进行乱伦繁殖。

基因改造后的人类在心理上可能会缺乏情感能力，爱与同情、尊重与信任越来越淡化，关爱他人和互助协作的能力日显缺失。生理上，由于药物作用越来越强，疾病导致死亡的概率下降，癌症将不再是绝症，人类基因本身对疾病的"自然淘汰"能力普遍减弱。人类对药物越来越依赖，免疫系统也会因此而受到损害。

人类得益于基因改造或美容手术，使之拥有迷人的外貌，男性的面孔将变得更加对称均匀，下颚更方，声音更低沉浑厚；女性则变得更加明眸顾盼，头发闪亮，皮肤光洁，胸部完美。总之，为了对异性产生更大的吸引力而不断地改变提升人类的外表。几千年以后，人类的生理机能将进化到一个顶峰时期，之后人类的演化将呈现曲线下降状态，人类会面临各种困扰：由于过度依赖高科技和医学手段，人类的社会生存和交际能力逐渐下降，基因演化功能反而会逐渐消失。

基因改造的后人类

技术优生学可以实现基因的优劣区分。因此，未来的父母有可能也有权力为自己的孩子挑选优等基因，使得孩子具有很好的身体和智力特质，包括选择智商、身高、性别，甚至肤色。人类可能会因此分化成两个"亚类"：身材高大、体格匀称、有创造力、高智商的"基因贵族"和身材矮小、体格懦弱、脑筋愚钝、低智商的"基因穷人"。

世界上的"基因贵族"和受过优秀教育的社会精英们，将来不仅婚配要严格讲究"门当户对"，就连交往也日益禁锢在富人的社交圈子范围之内，久而久之就会形成基因上的区分。

转基因人类的发展也将使全人类政治平等的自由主义理想破灭。由于"设计婴儿"已经应用于植入前遗传学诊断和体外受精，可以有效预防基因疾病，受到广泛的支持。"设计婴儿"（designer baby）又称"治疗性试管婴儿"或"设计试管婴儿"，是指为确保后代具有某些优势或者避免某些缺陷，在出生以前就对婴儿胚胎的基因构成进行了干预和选择的一类婴儿。与基因一般的平民相比，富人在"设计婴儿"方面更有优势。这样一来，基因改造技术将有可能会导致基因种姓的兴起，并侵蚀人类的共同人性。而如果出于对基因种姓的担忧去禁止使用该项科学技术，又势必会引发穷富不均的进一步分化，加剧人类所忧虑问题的恶化。

科技和社会在进步，人类的观念是否也会发生变化？将来是否会改变认识，认为转基因人类的潜在价值更胜于人类的尊严？其结果，或许几百年后，体内承载了许多动物优势基因的转基因人类将会主宰世界。

我们崇敬生命，但生命并不神秘，生命的本质就是DNA。人的基因决定人之为人，不是物。然而，人既由基因决定又与环境相关，人同时具有社会性。

研究资料表明，"人类智力受遗传影响的程度约占70% ~ 80%，某些具体的智力行为（如语言能力、数学能力等）可能特别依赖于遗传素质"（见《自然辩证法百科全书》第412页）。因此，通过基因设计实现智力的人工进化，并非臆想。

印度弗吉尼亚大学宗教研究教授拉奥说过："取得的知识，应该用在对全人类有益的方面。如果漂亮的外表、强壮的体格和聪明才智可以设计出来，那就应该让越来越多的人都能拥有。"鲁迅先生曾以超人的远见指出："就世界现有人种的事实看来，却可以确信将来总有尤为高尚、尤近圆满的人类出现。"

只是，无论如何，基因改造人类与"赛博格"技术的发展前景，不可同日而语。操纵基因并不一定会让智人大批死亡而绝种，但很可能会让智人这个物种大幅改变而成为另一个物种。

无机生命工程——让机器人更像人类

机器人的设计已经从严格的工业用途转向与人合作，甚至被设计得像人类一样。

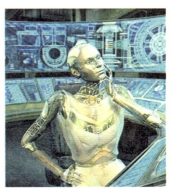

机器人可以在脱离人类控制的情况下执行任务

最初的机器人基本上是在工厂里用作执行需要速度、精确度和力量的重复性工作。由于这一代机器人具有危险性，大多数机器人都被小心地与人类隔离开来，以保护工作人员。如今，机器人的工业时代已经结束，机器人已经开始执行人类执行的任务。新一代机器人有很多是需要人在一定距离外进行遥控的，但也有越来越多的机器人可以在脱离人类直接控制的情况下单独执行任务。

为了提供有用的援助，机器人将不再是人类的替身或佣人，而是合作伙伴。商业机器人需要执行的任务将不仅仅局限于工厂、医院及其他场所进行的重复性工作，它不仅可以取代人类，而且还将与人类合作。当今的机器人设计者认为，他们的作品将会成为理疗师、看护人员、向导和保安，而且最终将能进行所有人类的体力劳动。不仅如此，为了让那些用于室内的机器人能够在一个充满为人类设计的把手、开关、手柄和门的世界中穿行，设计者还给机器人选择人形。制造人形机器人可以简化工作中的培训与合作，能增加看护服务等新应用的潜力。电子视觉、处理能力、存储和低成本传感器方面的快速改善，以及允许机器人在混乱环境中进行计划和移动的新算法，都使这些新用途成为可能，并逐渐改变机器人的性质。仿人机器人将能向人类更容易地过渡，与人类展开更自然的合作。

为照顾老人和帮忙料理家务，法国制造仿人机器人的公司 Aldebaran Robotic，与多家企业合作，推出一款身高 140 厘米、造价昂贵的助手型仿人机器人罗密欧 (Romeo)，法国政府为这台机器人的研发提供了 1380 万美元。这是一个为老人及失去生活自理能力者提供个人护理服务的机器人，机器人凭借身高优势可以完成很多任务，如开门、上下楼梯、从桌上抓取物体等，机器人还可以与人有语言、手势的交流。

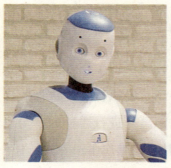

罗密欧 (Romeo)

在美国佐治亚理工大学健康护理机器人 (Healthcare Robotics) 实验室中，一个身高 5 英尺、名为科迪 (Cordy) 的机器人正在给经验丰富的舞者及接受物理治疗的患者做舞伴。科迪能够感觉到臂膀上的力量，还有着一个能够允许它优雅移动的底座。这是机器人应用于康复过程中的有趣的、互动式锻炼活动的一个方式。

美国弗吉尼亚理工大学设计的机器人——雷神（Tactical Hazardous Operations Robot，THOR）是一种战术冒险操作机器人。这种机器人轻便、敏捷，具有感知能力。它采用人机界面技术，能够推断操作者的意图，允许无缝、直观的控制。研究者注重发展 THOR 机器人的三个基本主题：硬件应变能力，强大的自主性及直观的操作。

英国彭林的"工程艺术"（Engineered Arts）公司是世界上唯一一家制造真人大小类人机器人的工厂。他们制造的类人机器人名为"Robo Thespian"，采用用户友好型设计，能够在公共场合与人类进行互动交流。Robo Thespian 的头部装有摄像头，充当它的眼睛，同时还能播放简短音频。

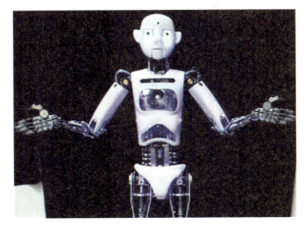

类人机器人 Robo Thespian

由美国汉森机器人技术公司设计创造的脸部追踪技术机器人汉姆(Ham)，有着和人一样的面部，甚至还有 4 ～ 40 纳米 (1 厘米 =1000万纳米) 的逼真毛孔，头部使用了软件机械工程和纳米技术。汉姆可以回答简单的问题，识别人类的面部表情，甚至还可以与人进行眼神交流。

脸部追踪技术机器人汉姆 (Ham)

然而，人类并不满足于这些为人类服务的机器人。人类需要的是经由科学技术改变人类生命本身的一种遐想，发展用超人工智能"武装"起来的超越智慧生命的"数字种群"，以推进无机生命工程。这种改变生命的工程，就是要创造出完全无机的生命。

因此，从机器人着手不断发展仿人的机器人，不断改进机器人使其由"共生自主性"向模仿人类自主行动的方向前进。最终，真正成为无机生命。英国伯明翰大学的人工智能专家亚伦·斯洛曼（Aaron Sloman）说："人类的大脑不是通过魔法而运转的，因此，大脑所能做到的事，同样也适合于机器人。"

再思考机器人技术公司公布了机器人巴克斯特 (Baxter) 利用克里格(Keurig)咖啡机做咖啡的视频。该公司表示，这种手像钳子一样、脸部是一个电脑屏幕的仿人机器人，经过训练后可以在几个小时之内完成预先编程的诸多制作咖啡的不同任务。它可以环顾四周，并通过转动头部的卡通眼，表示它的关注地点，并可以感知附近人类的工作，以避免伤害他们。

革命性的机器人巴克斯特（Baxter）

美国卡内基梅隆大学 (Carnegie Mellon University) 研发出一系列能够完成传递邮件、引导访客到达约定地点，以及取咖啡任务的移动机器人——合作机器人 (CoBot)。这种机器人具有"共生自主性"，也就是说，它们还需要依靠人类。比如，由于没有手臂它们无法操作电梯，因此在经过编程之后可以请求人类协助。如果它们迷路了，它们会停下来在电脑屏幕上显示出建筑物的地图，拦住路过的人，并说，"我迷路了，你能告诉我现在在哪吗？"

谷歌旗下的波士顿动力公司 (Boston Dynamics) 最新发布的一段视频显示，他们开发的人形机器人 Atlas 已经可以在森林中行走。这款机器人高约 1.88 米，重 150 千克，可以模拟人类的行走方式，通过调整重心来适应凹凸不平的路面和各种障碍物。

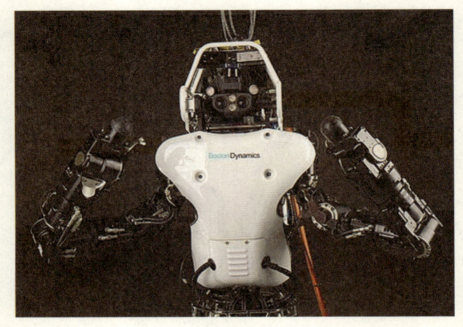

人形机器人 Atlas

人形机器人 Atlas 在森林行走

　　类人机器人是开发难度最高的机器人之一，因为类人机器人既要对人的指令做出反应，还要模拟人的表情，而人脸有上千块肌肉可以表达不同的感受和表情。目前的类人机器人仅可用于娱乐和服务，科学家们正在开发更智能的软件，使其能和人交流并具备学习能力。类人机器人的研发是对人类智慧的真正考验，它将意味着，人工智能在未来很可能达到一个我们无法想象的水平。

日本石黑浩制作的"双生子"系列机器人是迄今与真人最为接近的类人机器人；东京三越百货总店出现的一位身着和服的美女能为游客引路、介绍食品区信息及店内活动，这位名为 Aiko Chihira 的接待小姐是东芝研发的人形机器人。

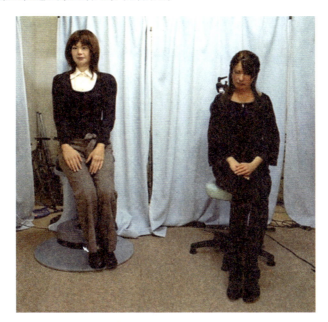

"双生子"系列机器人

Aiko Chihira 的接待小姐

无机生命，是一种可以模仿基因遗传演化，自我复制并且繁衍的程序。届时，如果再能够构建一个数字个体心灵，并在计算机里面构建出人工大脑（虽然二者运转方式或许并不一致，但是不能排除这种可能性），科学技术就不仅能改造身体，还能改造心灵。那么，未来的无机生命——"数字物种"，并非不可预测。

　　目前在 IT 行业最热门的是模仿基因遗传演化的基因程序设计（genetic programming），Aiko Chihira 的接待小姐正是一例。许多程序设计师都有一个梦想，希望能创造出一个能够独立于创造者、完全自行学习演化的程序。这样一来，程序设计师仅仅只是一个原动力（primum mobile），程序一经发动就会开始自由演化，无论创造者或其他任何人都不再能掌握它的发展方向。最明显的例子，就是能够自行独立演化的计算机程序和计算机病毒，计算机病毒正是这种程序的原型。

　　计算机病毒在网络上流传的时候，会不断自我复制数百万到数亿次。它既要躲避追杀的防毒软件，又要与其他病毒争夺网络里的空间，而一旦在病毒自我复制的时候出现了错误，就将构成一种计算机化的突变。这种突变有可能是因为病毒设计师，初心就是要病毒偶尔会发生随机复制错误，也有可能是因为某种随机发生的误差。如果，在偶然情况下突变后的病毒有能力躲过防毒软件的侦测，且仍然保留着入侵其他计算机的能力，它就会在网络上迅速传播。于是，这种"突变种"就能生存下来，开始繁衍，并且随着时间的流逝，这些并非由人所设计而是经过无机演化生成的新型病毒，将会充满网络空间。

　　这些病毒确实是由新的演化程序而生，是完全独立于有机演化的法则和局限之外的。那么，它们也算是生命吗？

　　另一方面，如果计算机程序设计师可以将人的大脑整个备份到硬盘上，可以建构起一个全新的数字个体心灵，完全由计算机程序码组成，那么，这个拥有自我的知觉、意识和记忆的"创造物"又算是什么？如果用笔记本电脑来读取这个程序并在计算机上运作，笔记本电脑是不是就能够像智人一样思考和感受了呢？这算是一个人吗？它又会是谁呢？如果你删除了这个程序，会被认为是谋杀吗？

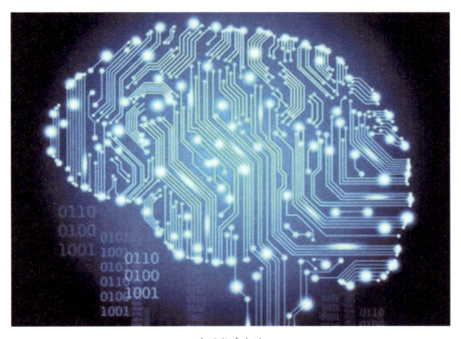

电子仿真大脑

人类或许很快就会得到这些问题的答案了。瑞士科学家设想了一个复制人类大脑的计划——"蓝脑计划"（Blue Brain Project），希望能用计算机完整重建一个人脑，用电子回路来仿真大脑中的神经网络。该计划主持人表示，如果能有足够的经费，大约只要10～20年就能在计算机里建构出人工大脑，有望制造出科学史上第一台会"思考"的机器，它将可能拥有感觉、痛苦、愿望甚至恐惧感，其具有的语言举止功能，都会像正常人一样。

第四章

后人类社会图景

目睹了人类社会的种种弊端，现今世界中有人对"后人类"社会寄予厚望，甚至摹画出"后人类"社会改革的蓝图，他们祈求——后人类社会是一个自由公民的组合，是一个创造思潮澎湃、百家争鸣的社会，科技发明日新月异，人们的学术、文化艺术素养和生活质量不断提高。导致前人类社会矛盾的民族、历史、宗教、文化、财富的差异将消除或理智地处理，社会将实行民主、理性化的科学管理。

后人类时代，个人的生命数据备份由中央数据库保存。个人有不测时，中央数据库将库存的个人数据（自我意识、经验、记忆）转移到新的机械人，从而达到后人类的"永生"。

后人类及地球其他生物的信息数据将通过粒子波传至外太空其他文明社会，从而在外星复制地球生物，避免了地球和太阳的剧变造成地球生物的灭绝。后人类可以数据形式存在，通过粒子传送生命数据而在另一星球出现；也可以长期地以粒子波形式在宇宙间遨游，使后人类近于传说中的"灵魂"。后人类将通过信息传达而融入星际文明社会，从而吸收外星的先进科技和文化。一个先进的星际文明社会，道德将达到很高的水平，崇尚博爱。

电脑会变得越来越强大。它们将持续发展，最终远远超过人类。它们发展的速度也会持续增长，最终会摆脱它们的发明者——人类的掌控，主导自己的发展进程。[15]

但是，"后人类"会不会在未来的世界继续演绎人类的情感和社会矛盾呢？

未来科技的真正潜力在于改变智人本身，包括人类的情感、欲望，而"后人类"的情感和欲望可能是人类无法想象的。尤其是那类永远年轻的生化人，它们不会愤怒，不会悲伤，既不繁衍后代，也没有性欲，专注力和记忆力是现代智人的数千倍，并且能够直接和其他生物共享记忆。

未来创造出的"后人类"，将可能彻底颠覆人类的伦理、社会和政治秩序。人类所有的宗教、意识形态、民族和阶级等，将随着智人的消失而烟消云散。"后人类"与智人将有完全不同的意识层次，甚至是某种超乎人类想象的意识运作方式。因此，所有人类的文化和社会遗产，诸如宗教、主义、道德传承、礼仪，甚至男女的性别，对他们而言可能都毫无意义。

作为最后一代智人，人类在谢幕之前或许应该认真思考并回答一个最真切现实的问题：人类不断发展超人工智能、转基因等技术，究竟想要达到什么目的？仅仅是"人的强化"（人的改良，Human Enhancement）吗？那么，现在政治家、哲学家、学者和一般大众所争论的所有其他问题，在"人的强化"问题面前是否将失去意义？一切将要交由科学技术的发展去决定吧！

然而，"后人类"的第一代毕竟还是由人类所设计，必定会受到人类价值观和文化概念的影响，人类在创造他们时所遵循的理念，完全可能会从人类现存的不同的文化、知识、观念、传统等理念出发，因而创造出的"后人类"将会走向完全不同的方向。

比如，医疗只是要预防疾病、治疗疾病，人道社会应该让所有社会成员享有公平的医疗待遇，并且维持相对良好的健康状态。而一旦医药的目的变成要提高人的能力，那么是让所有人类都能提升能力，还是只有少数精英能够享有超人的能力？它的差别将会给社会带来什么样的不同结果？纵观人类历史，上层阶级总是鼓吹自己比下层阶级更聪明、更强壮，整体而言更为优秀。因此，在新一代医药技术的推波助澜下，上层阶级的自命不凡，将可能成为一种客观现实。

既然人类升级成另一种不同物种的计划不会刹车，那么终究还是要回到对永生的追求。无论科学家研究基因组，还是要把大脑连接到计算机，或者要在计算机里创建一个"心灵"，目的大致都是相同的，那就是为了治疗疾病、挽救人的性命。这种目的太具正当性，没有人能够反驳。但是，打着治疗精神疾病的旗号，却要在计算机里创建一个灵魂，这就是一个重大问题了。

1. 人类的疾病与寿命——超人工智能能否使后人类得到永生

延长人类寿命的研究一直是人类关注的课题，并有了某些进展。例如，有一项关于"端粒酶"的研究表明，"端粒酶"与染色体末端的端粒作用能减缓细胞死亡。科学家在老鼠体内进行的实验表明，实验生物的衰老过程会因端粒的再生而表现出可逆的迹象，这一迹象能否在人体中出现有待进一步的考察。还有一项研究是测定几千位百岁老人的基因，希冀能找到他们长寿的原因。此外，未来学家还畅想利用纳米技术制造微小的"维护"机器人，使其在人体内进行年老损伤细胞的修复工作……

但是，人类基因的缺陷、自然环境的伤害、人类自身生活习性的影响，使得人类维系自身的健康屡屡出现问题，许多疾病甚至是不明来由的病毒攻击所致，这一切不断威胁着人类的健康和寿命。人类的长寿一直以来只能是人类美好的祈愿！

那么，超人工智能改造或控制的"后人类"，是否能克服人类自身的不足，强化甚至根本改观人类抵抗疾病的能力，或者说，"后人类"与长生不老、无所不能、无所不知的距离会越来越近，并因此获得永生吗？

未来学家们预测，不断发展的高新技术，使得超人工智能可以给"后人类"以无限的生命。一方面通过停止或者逆转衰老来达成，同时可以上传自己的数据，大幅度提高"后人类"的智商和情商。另一方面，人造材料将越来越多地融入人体，人体自然器官将被先进的可以一直运行下去的机械器官所代替；还可以用自我驱动的纳米机器人代替血红细胞，这样连心脏都省了。人类还可以改造自己的大脑，使得大脑的思考速度快亿万倍，并能和云存储的信息进行交流，帮助人类创造各种有趣的体验世界，尽情享乐。

　　由 Wi-fi 连接控制的纳米机器人在血液中移动，可以执行很多与人类健康相关的工作，包括日常维修、替换死去的细胞等。如果人类能够完美掌握这项技术，那么超人工智能研发出的更好的程序将能使人的身体永远健康，甚至越活越年轻。研究证明，来自年轻小鼠的血液——甚至只是来自年轻小鼠血液中的一个叫作 GDF11 的因子，就能够让较老迈的小鼠的肌肉和大脑"返老还童"。显然，只要技术日臻发达完美，年轻者的血液就可以改善年迈者的健康，改变或缩小 年迈老人和年轻人身体上所存在的物理差别。这样，"超人工智能"甚至可以建造一个"年轻机器"，当一个60岁的人走进去后，再出来就拥有了年轻30岁的身体。而且，只要"超人工智能"足够聪明，能够发现不影响大脑数据的方法来修复或改造大脑，就能将逐渐糊涂的大脑年轻化，老年的失忆症患者将通过"年轻机器"而拥有了年轻的大脑。

　　人类能获得的新体验是无穷的。人类的性爱、对食物的需求等，不仅仅停留在生理需要层面，还能从中获得更大的享乐。纳米机器人可以把身体需要的营养物质传送到细胞中，智能地辨识选择将身体内对健康不利的废物排出体外；应用纳米技术还可设计出一种红细胞的替代品，这将使运动员快速"冲刺"15 分钟也不会缺氧。

超人工智能对人类身体能力的改造就更加难以想象，体内的纳米机器人将能控制人类从感官获得的信号，然后用其他的信号来替代它们，让人进入一个新的感官环境。在新环境里，人能听、看、闻、触摸……从而使虚拟现实有了新的意义。

人类最终会战胜自己的生理，并且变得不可摧毁和永生。

但是，事情看来并非如此简单，智人被强化的过程，即由此诞生的"后人类"也一定会有他们的麻烦！

虚拟现实成瘾症——沉浸于虚拟现实技术，难以面对现实

虚拟现实技术将展现一个比真实生活更引人入胜，也更易于掌控的环境，虚拟现实技术还能使人和远在千里之外的朋友或同事进行"真实的"互动交际，一旦完全沉浸在虚拟现实中，就会越来越难以面对现实。加上一大堆让人眼花缭乱的新技术都基于虚拟现实，从而虚拟现实技术无论在心理上还是技术上，都更加难以从生活中分离出去。所以，脱离虚拟现实环境后在真实生活中的适应性，将会是一个常见而又严重的问题。

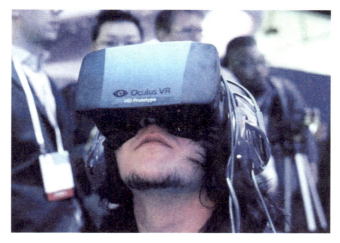

虚拟现实技术

解离性现实障碍——质疑眼前的一切究竟是现实世界还是复制品

这是由上一疾病引发的连带疾病——虚拟现实变得如此真实，以至于人类最终将无法区分虚拟与现实，患者会不停地质疑眼前的一切究竟是现实世界，还是一个精妙的虚拟的复制品。有趣的是，随着虚拟与现实之间的界限日益模糊，这种质疑将会越来越失去意义，人类或许无法自拔。

身份认同焦虑——难以辨认网络空间中哪部分是我们，哪部分是程序

我们是谁？甚至，我们又是什么？这种身份认同的迷茫，使得人类越来越糊涂了！人类越来越多地将大脑的认知过程转移到互联网上，让人工智能代表自己去处理各种繁杂的工作。这些人工智能助手"代理"着人的身份，它们在云端学习人的行为方式，像人一样处事。结果，人类通过软件或是硬件上传的方式进入到网络空间，导致了潜在的身份认同危机。辨别网络空间中到底哪部分是人，哪部分是程序，会变得越来越困难，尤其是当一个人在网上有着多重身份，而其中一些身份又在完全不同的环境中完整而充实地存在时。最终，人类个体的存在将会迷失在网络空间，人类自我身份出现病态的混乱。

冷冻后社会统合失调——对自己所处的新社会、新技术和新文化毫无头绪

若干年后，一个从冰冻状态下醒过来的人，尝试着融入一个未知的社会时，按照自己被冷冻时的状态和结束休眠的方式，他可能发现自己已经摇身一变，成了前无古人后无来者的"后人类"了，甚至成了超级计算机模拟环境中的虚拟人，实体对他荡然没有了意义。

他既不认识任何人，也闹不清自己到底有什么超能力，更对自己所处的新社会、新技术和新文化毫无头绪。更为要命的是，他可能根本就不喜欢新的生活，承受不了那种"未来冲击"。而为了让他适应新生活，大概会直接将他需要知道的一切信息，一股脑地直接上传输到他的大脑里，或者把他送到某个"重返社会"互助小组里去适应。

机械移植体败血症——移植物引起严重的过敏或者免疫反应

机械移植物在植入人体后，可能会引起严重的过敏或者免疫反应。由于植入方式的不同，抑制物与周围组织之间也会出现不同的并发症，比如感染、炎症和疼痛。这些症状有可能会干扰正常的身体功能，或导致排异反应。此外，因为移植物可能的腐烂或降解，将产生致命的中毒反应或各种各样的感染。

纳米中毒性休克——纳米机器人失控，在人体内引发灰雾灾难

纳米技术是一把双刃剑，一方面它可以摧毁癌细胞并修复DNA，另一方面又有可能从各方面颠覆人类生活的环境——无论结果是好是坏。由于纳米技术所涉及的材料都是分子级的，这些小颗粒物会在环境中发生生物富集，人类一旦接触到这些纳米污染物，将会出现各种严重的健康问题，包括细胞及DNA损伤。

而专门设计用于进入人体的分子大小且有自我复制功能的机器人，在人体内或者把药物投放到错误的区域，或者以奇怪的方式自毁，它们一旦失控，就有可能损伤人体器官，最终在人体内引发灾难。此外，它们也可能开始玩命地自我复制，并有可能胜过自然植物和微生物，从而侵占和接管每个生态位，最后耗尽地球上所有的资源。这就是所谓的"灰雾"（gray goo），即"全球性生态吞噬"。

电影《地球停转之日》里，出现了灰雾毁灭世界的场景

从科学上来讲，用于制造纳米机器人的"分子制造"是行不通的。原子对周围同类的电子联系十分敏感，为了操纵它们，分子组合器需要额外的操纵"手指"，但是原子空间并不足以容纳"手指"，这就是所谓的"乌龙指"（fat finger）[16]。此外，由操纵器移动的原子会黏附在上面而无法分开，产生所谓"黏手指"的问题。

灰雾的有限复制功能，广泛传播对能量和化学元素的需求，以及构建分子组合器所必需的稀有元素的缺失（如钛或金刚石，这类稀有元素在人体中含量极少），都会使灰雾的传播受到潜在的限制。然而，一旦这些防故障的自动装置失效，灰雾传播将会失控，世界可能会变成纳米机器人主宰的后生态世界。

蓝雾则是与灰雾对抗的另一种纳米技术，它扮演着一个纳米机器警察的正面角色，用以消除灰雾造成的威胁。蓝雾设计的初衷，是用以抵御具有自我复制能力但行为不端的灰雾的侵袭。蓝雾必须无处不在，强壮稳健，具有强大的灰雾抵抗力，因此也必须具有更强的自我复制能力，而且还必须完全受人类的控制。否则，蓝雾一旦被灰雾所颠覆或压制，也很可能会反过来攻击人类。

超智能引发的精神失常——超常的认知能力引起精神错乱

由于执迷于智能，人类很有可能会使用大量生物技术，包括基因组学、聪明药，以及机械移植体等，来强化"后人类"的认知能力。

人类在漫长演化过程中形成的心理特点，恐怕无法应对如此浩瀚的智能，超常的认知能力可能会让人类不适。人类的大脑一旦被强化，很可能就会出现反社会行为，以及彻底的精神错乱。包括数据真理妄想、癫痫、信息过载、焦虑、存在感的危机、自大狂，以及与世界脱节等。

机器人恐惧症——机器人融入社会，人类产生了恐惧

未来，有些"后人类"可能产生对机器人非理性的、极端的恐惧，特别是当机器人更多地融入社会，越来越像人类一样工作，而且替代人类工作的能力越来越强大的时候。人类的这种心理障碍，使之难以辨识真正的恐惧和单纯的偏见之间的区别。

机器人未来会危害人类吗？

流行性寿命延长导致的倦怠症——超级长寿的人会发现自己身处一个如此无趣的世界

一旦征服衰老，有些人可能会对无限的寿命感到无聊，产生对自身存在的一种消极情绪，对生命本身感到疲惫不堪，甚至由此产生厌倦感。

拥有不死之身的"金刚狼"也未必完全是一件好事

活得过于长久，人类将会发现自己身处一个如此无趣的世界，日复一日，平淡无奇，如果缺失了外界的干扰，生活就再也没有什么令人振奋或者新奇的事情了。生活失去了激情，那就只剩下活着。这样消极的生活理念一旦流行起来，将会导致更广泛的社会健康危机。

2. 无性

现代社会科学技术的发展，使青年女性为了运动，可以用避孕药控制和调节自己月经的时间和频率，即对自己身体的生物性进行控制；而一个生理意义上的男人，通过手术和对荷尔蒙的控制，可以变成一个生理上的女人。诸如此类的例子在当今社会已成为现实。

必须承认，当人类变性或对生物性控制已经不再成为社会伦理问题，并且技术成熟到被广泛应用时，智人已经成为"后人类"了！而一旦生理上男女两性的界限可以打破，人类将会是"无性"的。

无性，顾名思义就是没有性别也！人类如果没有了性别，如何继续繁衍后代？由于试管婴儿技术日益精进，人类将会选择直接用试管授精的方式，孕育下一代。英国纽卡斯尔大学的研究人员还计划通过女性骨髓细胞来培育"人造精子"，一旦实验成功，女性就可以独自繁衍生育后代。不过，由于通过女性干细胞培育出来的"人造精子"缺少 Y 染色体，Y 染色体为男性独有并由父亲遗传给儿子，因此女性"单性繁衍"的后代将全部是女孩。那么，"后人类"是否也将演化成像某些生物一样具有无性繁殖的能力？未来，人类将是以无性生殖为主，性将只是娱乐，不再负责传宗接代。

看起来，这有点匪夷所思，然而，英国牛津大学人类遗传学教授布赖恩·塞克斯曾在他的著作《亚当的诅咒》一书中宣称，人类最早的"原始版本"应该是女性，男性只是女性遗传基因变异的产物而已。而这种基因变异给男性特有的 Y 染色体带来的损伤无法自行修复，使它随着人类的进化而逐步退化。根据 Y 染色体逐步消亡的速度计算，大约 125000 年后，Y 染色体将会彻底失去功能，这意味着男性到时也许将从地球上灭绝。

只是，男性的消失使得女性不再会有爱情的慰怀，也没有了"与子携手白头到老"的浪漫，没有了美丽悦目的风景共享的欣然，"一帘幽梦"中孤独的"女人"难保不会寂寥寡欢，抑郁而终。

赛博格主动终结了女性的恐惧、焦虑与孤独，因为在后人类赛博格社会中，男女两性的区分是没有意义的，男女之间的界限也将模糊。女性不再是男性的附庸，其存在意义也不在于生育孩子，她们完全可以直接通过数据交换来实现生殖后代。当然，你也可以选择不生孩子，而永久保留自己的生命，以实现永生。

既然赛博格模糊了人与非人的界限，肉体的意义不复存在，那么女性特征的存在意义同样也就被削减了。

赛博格神话不仅是构建一个多元、界限模糊、元素冲突的社会，而且是一个关于女性演化的贴切隐喻。变性，已不仅仅是一种个人的选择了。那么建立在生理性别之上的社会性别gender还会存在吗？在后人类社会还有意义吗？

3. 伦理

人类社会在向后人类社会过渡，甚至完全演变成后人类社会的过程中，伦理或人伦也将是一个严重的问题！

尤其可怕的是人类的异化进程：人类"去却感情"，正在变得越来越理性、麻木、机械化，对一切漠不关心，各种社交聚会就像逢场作戏，看着笑脸相迎，实际内心冷如机器，就像一台台设定了既定程序的机器。

人类的语言、情感、生活趋向于格式化，人类的基因也正在一段接一段地被破解，新的人类生命可以预先按需设计，甚至人类的性趣也可以被"虚拟现实"技术（AR 或 VR）深度满足……人类正在沿着一条不可逆的路径走向机器化。人类在机器化，而机器在人类化。

人类通过技术改造向"后人类"发展的过程中，无论是机器被注入了灵性，还是人逐渐变成了机器，期间都难以回避一个"人性"的问题，即技术的发展必须遵循某种人伦和伦理的约束。

伦理是指导人类行为的观念，是从概念角度对道德现象的哲学思考。它不仅包含着人与人、人与社会和人与自然之间关系的行为规范，而且也深刻蕴涵着依照一定原则来规范行为的深刻道理。

机器人伦理的定义是指机器人与人类在生活中所发生的人与机器人之间、机器人与机器人之间、机器人与人类社会之间、机器人与自然之间关系处理的规范与原则。

笔者浅陋，窃以为"人工智能"造就的机器人伦理问题有两个层面：一是如何对待具备人类智能的机器人？二是超人工智能是否为万能？超人工智能的发展产生的"后人类"是否会超越人类，从而完全取代人类？甚至毁灭人类？

人们会担心自己被机器人所替代？那么，人类为什么还要不断发展完全智能的机器人，而且被设计得外貌和人类很像，甚至有人在制造机器版的"自己"？

第一个层面可说是机器人作为"拟人"时的伦理问题。

人类饲养宠物日久生情，会将宠物当作自己的挚爱，当作自己的家人，对它们赋予人类的感情。那么，人类对于人工智能的机器人又会如何？机器人作为人类劳动的延伸产物，甚至帮助人类完成人们无法完成的任务，如探索火星、清理核废料等，成为人类的好帮手、好伙伴。在长期的相互"配合"或"奴役"机器人的过程中，人与机器人之间的界限将有不断模糊的趋势。因而人类是否也会日久生真情，尤其对于那些具有人类智慧且外形设计得跟真人一样的智能机器人，是否也会产生和赋予人类的感情？是否也会将这种机器人当作人类的一员，甚至看作是人类的一个族群？是否也会在机器人身上彰显人性？是否也会萌生"人伦"，恪守人类之间的"伦理"？

实际上，与实际生物相近的机器人受到伤害时，很多人会觉得很可怜。机器人已开始深深地影响了人类的伦理观。

2015 年，一个穿着黄色的惠灵顿长靴和相配的手套，可以与人进行简单对话的可爱的加拿大机器人 HitchBot，接受了一项周游世界的任务，虽然HitchBot会拍照还能通过GPS 追踪自己的方位，但它仍然需要依赖人类的帮助来完成穿越一个个国家的任务。HitchBot成功地搭车穿越了荷兰、加拿大和德国，却在美国费城遭遇到损坏、肢解的不幸，还被随意丢弃路边。

HitchBot在即将"离世"时通过 Twitter 发送了"遗言"："亲爱的，我的身体遭到了破坏，但我将一直与我的朋友们在一起。好的机器人也会遭遇不幸！我的旅程即将结束，但我对人类的爱不会减少半分。"

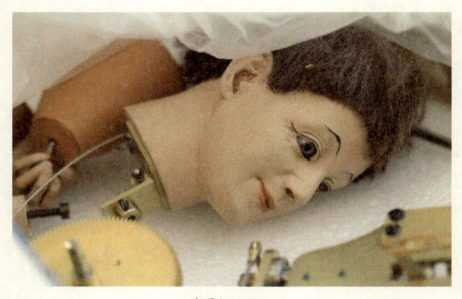

机器人 HitchBot

HitchBot 的不幸遭遇迅速引发了人们严厉的声讨："Hitchbot 在费城被谋杀了！""无辜的搭车机器人被美国人谋杀了""是谁杀害了HitchBot？"人们不光声讨破坏者，而且还在"人肉""杀人犯"。

这个伦理问题的核心不在于这些机器人是否有感受、有权利或任何类似的东西——相反，其核心是对于发展它们的人类来说，这会产生什么样的后果？比方说，你怎么跟孩子解释这个与真人无异的机器人管家不是人，也永远成为不了人，所以把它扔进垃圾堆去是没问题的？或者就像《西部世界》里面一样，"杀死"或者"强奸"它们是可以的。

人类在审视这些人形创造物时，能够了解到更多的人性并予以强化，而不是粗暴地遗弃它们，或者像雨中的泪水那样把它们忘却。这或许就是对待人工智能创生的机器人的伦理和人伦。

对于第二个层面，超人工智能机器人完全取代人类而产生的真正"后人类"，是否会极大地威胁人类的生存，从物质到精神层面？尤其人类的某些"邪恶"天性转移给机器人之后，比如人类的自私、喜欢操控和欺骗他人、权谋行为、虚伪、谋杀等（马基雅维利主义），智能机器人是否也会运用威胁性的行为和暴力手段来反制人类？非生物、非人的智能生命对人类的宗教和哲学又将造成什么样的威胁？

斯蒂芬·霍金于 2014 年接受 BBC 采访时曾说过，人作为生物只能缓慢地演化，将无法与人工智能竞争，甚至被后者取代。

几十年来，人工智能一直以惊人的速度在发展。如今，计算机可以控制飞机、解读 X 射线并阅读法律文件；通过算法还可以绘出高超的作品，并谱写巴赫风格的交响乐。为了使研发的无人驾驶汽车在关键时刻做出恰当的选择，Google 正在开发"人工智能道德推理"算法。美国国防部的军事研究计划甚至在研究发展"快速轻型机器人"（FLA）和"敌对环境下联合作战"（CODE），这将有可能促成"杀手机器人"的研发，它们的灵活性和杀伤力将让人们毫无反抗之力。超过人类控制的系统将建成，这是不可避免的，但是，这样的发展前景未必是人们所希望的。

因此，只要有可能对人类造成威胁的东西出现（无论这种可能性有多小）就必须有人站出来呼吁人们采取预防措施，包括霍金、诺姆·乔姆斯基和埃隆·马斯克在内的 8000 多人曾签署了一封公开信，警告发展人工智能的诸多危险。此外，美国华盛顿大学的法学教授瑞恩·卡罗呼吁成立一个"联邦机器人委员会"以监管和规范人工智能的发展，保证研究人员在这一领域"负责任地创新"。

早在70多年前，美国科普作家阿西莫夫在短篇科幻小说《转圈圈》（1942）中就提出了通过内置的"机器伦理调节器"使机器人成为服从道德律令的类似构想。按优先顺序排列的机器人三定律如下。

● 第一定律，机器人不得伤害人类或坐视人类受到伤害。

● 第二定律，在与第一定律不相冲突的情况下，机器人必须服从人类的命令。

● 第三定律，在不违背第一与第二定律的前提下，机器人有自我保护的义务。

此后，为了克服第一定律的局限性，阿西莫夫还提出了优先级更高的机器人第零定律：机器人不得危害人类整体或坐视人类整体受到危害。

而为了规范人工智能体的伦理，必须将人所倡导的价值取向与伦理规范嵌入到各种智能体中，使其遵守道德规范并具有自主伦理抉择能力。或者让智能体内含的"算法"遵循"善法"的原则，并包含重要的伦理尺度：人工智能自身嵌入的道德与人类在拓展人工智能的过程中进行的道德建构。

人工智能不仅要避免扮演人类主宰者乃至文明终结者的魔咒，更应以其卓越而与人性合一的普遍智能，推进人的自由与全面发展。对人类文明而言，人工智能的良性发展抑或恶行不断，最终取决于人类的伦理智慧。

4. 生存价值与社会形态

如果人类能将自己的意识扫描进电脑，那么这个人的属性又将如何变化，那还是他自己吗？技术奇点又会给社会的政治、经济带来什么样的变化？人类能否获得永生由谁来决定？谁来给有知觉、无知觉设定一条界线？随着人类离长生不老、无所不能、无所不知的距离越来越近，人类延续的长久生活还有意义吗？人类战胜了死亡之后，最本质的人性还能保留吗？说到底，"后人类"时代的生存价值是什么呢？

拥有自我意识的赛博格是否属于人类？在消解了"人性"之后，"复制人"是否更能代表人类？假如克隆真成为人类的主要繁衍方式，那么性爱和母爱还能长存吗？要知道，这些被文学家歌颂了千百年的永恒之爱既不神圣也不神秘，只不过是有性生殖方式的衍生物而已。人类十分珍视的人类纯洁性，在"后人类"社会会荡然无存吗？如果人兽基因杂交和人机杂合将变成常态……那么，人类存在的合理性又将如何面对？亚里士多德用道德将人与动物、人与神区分开来，"人与动物不同是因为人有道德能力，人与神不同是因为人有道德需求"。

科学技术改造和变异人类自身，必将从物理层面上变革人类，不断"凌迟"人类对自身生命的敬畏，而对生命的"敬畏"正是人类所有道德、伦理、宗教赖以存续的基础。比如说：杀人之所以被定为十恶不赦，而钓鱼却被认为是文人雅趣，正是基于这种敬畏。

设想一下，如果把高智商的人挑出来聚集到一起组成一个社会，将会是什么样？这种非自然选择组成的社会，会出现什么问题？高智商的意义在于突破、跳过部分繁琐的实践，直达新高度。但这种跳跃是危险的，社会突然置于新环境，如果来不及适应，则容易走向毁灭。那么，人工智能的超速发展带给人类与地球的是幸运还是灾难？人越来越多地依赖机器人，情感会淡薄吗？人类自身的交往将会变得过于稀少、务实、简单、功利、自私、冷漠……那么"后人类"的精神世界和感情世界将会从此崩溃吗？

"后人类"社会还会发生两极分化吗？超智能的群体对于智能发展速度不够快的群体，会自觉或不自觉地采取什么措施？抛弃？消灭？容忍？相互之间会发生战争？非自然的发展和完全的自由选择，违背自然规律，将会给"后人类"和相应的社会带来什么样的影响？是否会最终毁灭人类？

乐观者解释说，技术与互联网的集成，并不会将个性磨灭消失，而只是让沟通变得更加便捷，从而使人类能在一个新兴的全球集体意识里更好地表达自我。从根本上来说，当人种演化成超人实体，其能力就将远超个体。

人类已然可以将互联网中的视频、音频以及电子信息通过电极传导至大脑，基于现有的技术水平，人类能研发出一种共享心灵感知智能圈的新技术。因此，蜂群思维 (hive mind) 具有极大的优越性，它足以把多个群体项目游刃有余地进行协调，可以针对复杂目标制定出更为有效的方案；人与人之间的距离也由此变得更加紧密，也能更好地了解彼此。蜂群思维是处理信息带宽的一种必要条件，最初用于现代电信及无线网络的技术性基础设施，具有低保真度及操作不易的缺点，但在经过进一步的改造之后，可用于神经界面。有人将蜂群思维理论喻为赛博格主义，其目的在于促进社会发展、建设政治文明。

然而，人类在"同化"的过程中，不仅要直面意识中某些因迷失自我产生的恐惧，还要承受来自病毒及黑客的威胁，甚至还要担心技术最终由谁来掌控。

生物恐怖主义和生物黑客也有可能引发一系列难以预测的麻烦，比如恶意散布生物工程改造的病毒，或者入侵别人的大脑。此外，人生本是因为有缺陷而更加美好——人类只有在缺陷中不断自我完善才会充满生机。那么，基因修补术与其说是挽救人类，倒不如说是在毁灭人类了。

人类的出现是物质发展到一定阶段所产生的结果，是宇宙世界物质演化的一个过程。人类最高等级意识的出现是物质世界演化的必然结果。地球上的最低级物质为无机物，第二等级的是有机物，最终要发展出来的是无机物和有机物的结合体，而有机物最终要被有机无机结合体所消灭。因此，或许可以说，人这种有机物是物质发展过程中的一个关键的转折点。物质在进化过程当中，人只不过是一个垫脚石。

或许，人类可以通过抑制科技来使"后人类"时代不要来临。但是，人类的欲望使人类将超越肉身所带来的限制，没有哪个人不想拥有长生不老的身体，哪个灵魂又愿意被物质世界的发展所抛弃？人类的天性决定了人类将不断地向前发展，人类超越自我的第一步，是对人类生殖的变革。生殖方法的改变，是人类改造自我的第一步。从20世纪 80 年代到现在，人类挑战自我的显著标志就是对生殖的变革，试管婴儿技术挑战了人类生命产生的过程，是人类第一次对生命的产生进行干预。人类对于这种变革的第二步，就是器官移植技术。器官移植技术的出现，是人类对有机的肉体改变的前奏，异体移植器官最终将被克隆器官和人造器官所替代。人造器官将是器官移植中一个最重要的里程碑，它的出现意味着器官的永生。人们最终纷纷摘除天然器官，换上不老的人造器官。

人造器官出现一段时间后，将是人造躯体时代的到来，除了大脑，人类将会把躯干全部换掉。大脑意味着意识，人类在没有掌握意识移植的技术之前，是不会换掉它的。"后人类"也许和现在人类在外观上保持了一致，因为这样对于社交有重要的意义。奇形怪状的家伙将被制裁。毕竟，后人类时代，并不意味着规则的消失。

　　抛弃躯干也许意味着抛弃性。性是人类存在的动力之一，人类不会轻易地抛弃它。但是，后人类应该能解决这个问题，这个问题的解决有两个思路：一是模仿人类躯干制造无机神经系统，并且模仿制造无机类的人类生殖器官；二是放弃仿造的人类生殖器官，通过外部装置，向大脑发送类似的神经信号，使大脑能够获得精神享受。

　　人工智能将是人类"生存的最大威胁"，如果机器超越了人类本身的智慧将会如何？届时人类是会受其帮助，还是被其无视，或是遭其摧毁？霍金承认人工智能从基本形态发展至今已被证明非常有效，但他害怕这一发明会赶上甚至超越人类的智慧。"它（人工智能）能够自行发展，并且以从未有过的速度重塑自我，而人类受限于缓慢的生物演化，无法与之抗衡而终将被替代。""人工智能的短期影响取决于由谁来控制它，而长期影响则取决于它是否能够被控制。"人工智能或许不但是人类历史上最大的事件，而且还有可能是最后的事件。那么，超人工智能会毁灭人类吗？

　　或许，现在的人类无须把后人类的生活想象成无趣的、机械的、嗜血的。人类在超越自我的同时，不会放弃对生活的追求，不然人类将会放弃这种超越。人类自我的发展同物质世界的发展，不是互相抵触的，而应该是一同发展的。人类的利益被发展，物质世界才发展。如果这种发展是违反人类利益的，它将被放弃。

　　现在的科学界，存在一些伦理问题。人兽胚胎技术的发展是不允许的，克隆技术的发展在一定程度是被抑制的，对于转基因技术人类还有很多顾虑。在机器人发展领域，机器人规则被提出来。这意味着技术的发展不应该是反人类的、有损人类利益。否则，发展的技术将会被扼杀在摇篮当中。

但是，人类终究不会是演化的顶峰，人工智能也不可能仅局限在人类演化的星球上，因为宇宙空间和时间的扩展是如此宽广。虽然，遥远的"后人类"时代一定会继承人类的传承，正如智慧的人类仍受到远古文明的影响一样，但是"后人类"时代必将是一个机器主导的时代，这种主导甚至会超出地球，拓展到宇宙。

第五章

人类会最终自我毁灭或被灭绝吗？

他们是一群披着文明外衣的野兽，他们的灭绝与他们的起源一样扑朔迷离。

——《人类兴亡史》

科学家推测，曾经在地球上出现过的生物，已有98%被灭绝。

据研究，在太古宙与元古宙就有过大灭绝事件，但那时的生物主要为菌藻，因此没有留下化石记录。而在显生宙，地球上至少发生过20次明显的生物灭绝事件，根据化石记录，其中有5次大的集群灭绝事件，即奥陶纪末期（4.5亿~4.4亿年前）、泥盆纪末期（3.75亿~3.6亿年前）、二叠纪末期（2.51亿年前）、三叠纪末期（2亿年前）和白垩纪末期（6500万年前）的生物大灭绝。其中，二叠纪生物灭绝事件是规模最大、涉及生物类群最多、影响最为深远的一次。白垩纪至第三纪的恐龙灭绝引起人类的关注度最高。

每次大灭绝事件，都能在相对较短的时期内造成80%~90%以上的物种灭绝，这似乎已是不争的事实。

备受摧残、磨难无力继续承载的地球

造成大灭绝的原因可能有，外星体撞击地球、火山活动、气候变化、海平面升降、大气含氧量变化等，虽然目前仍未有完全定论，但有一点是非常明确的，那就是自然界所有生物的生存条件都必须来自地球，无法自给自足，因此地球上的生物必须自然平衡，才能和谐共生。

然而，目前地球上人类对地球资源的消耗却远远超出其他生物，打破了自然的平衡，而且极不公平、均衡。例如：

* 全世界20%的人口消耗了80%的地球资源。

* 全球军费开支多于援助发展中国家经费的12倍。

* 每天有5千人因饮用污染的饮水而死亡，10亿人没有洁净的饮用水，10亿人在饱受饥饿折磨。

* 全球销售的谷物超过50%用于喂食牲口或者作为生化燃料。

* 全球40%耕地质量下降，每年有1300万公顷的林地被毁灭。

* 生物品种的死亡率快于自然死亡速度1000倍，1/4的哺乳动物、1/8的鸟类、1/3的两栖动物濒临灭绝。

* 75%的渔产品已耗尽或正面临耗尽。

* 过去15年的平均气温是有纪录以来的最高。

* 冰冠的厚度40年来减少了40%。

* 到2050年，可能导致多达2亿的气候难民。

我们不禁要问："地球剩下什么"？地球还有能力继续承载、滋养上百亿贪婪的地球人类吗？

除了自然被破坏造成地球人类的灭绝外，人类的军备竞争和武器的不断更新换代，让毁灭性战争阴云密布，恐怖分子获得了灭绝性武器，还有不经思考就造出比人类聪明得多的"超人工智能"，都将会使人类的灭绝不再遥远。人类最终成为自然界的淘汰品，最后一群人类消失，人类文明终于结束！

1. "人类"灭绝后的地球生态

人类不可能返璞归真，人类活动的一切都是为了私欲，为了不断改善和提升自身：聪明了还要更加聪明，富裕了还要更加富裕，具有了大能耐还想着要更加超人的能耐……例如，人类的竞争性体育：不断追求更高、更快！在体育竞争中，人类除了不断提升自己的能力、改进和完善装备外，还有人用服用兴奋剂这种缺乏伦理道德的竞争手段！在人类向"后人类"的演化过程中，同样难以避免类似的"自私""腐败""不公正"的逆流，稍有不慎就会酿成人类的大灾难！

发展高技术改造人类有很多事需要做，也可以做很多事。但是这一过程的任何一个环节出了差错，都有可能发生难以预料的变异，造成"后人类"社会的不稳定，或者"后人类"的竞争和相互残杀，最终使"后人类"灭绝。

"后人类"灭绝的肇因：超人工智能技术的恶性膨胀或出错；基因技术的逆向转变，将使人类发生恶化变异；机器人和后人类相互之间的残杀，终将使"后人类"难逃灭绝的厄运。人类再有能耐，也只不过是自然的一个"马仔"，种种的挣扎最后也很难脱逃自然的"佛手"。地球的自然演化与选择，或许最终要抛弃"自大"的人类。在地球悠长的演化过程中，人类时期只不过是短暂的一瞬，现在的人类终于面临最新一轮的大灭绝。经过"修炼"和改头换面的"超智能"人类，"得道成仙"奔向了外太空的"新乐园"，开始了人类新的冒险；或者说，自私的人类在地球闯下惊天大祸后，终于逃之夭夭；残存的竞争失败者，随着地球的末日和地球人类的消亡终于灭绝了。地球又陷入没有人类喧嚣的寂静中。

人类灭绝、消失之后的世界与地球生态，将是怎样一幅图景呢？人类的消失，并不意味着地球生命全部终结，生命仍然存在于旷野，那么没有了人类的地球又将展现怎样的色彩？

"未来学家"对此进行过多种猜测：地球走上了一条不归路，从此一片荒芜、衰败，残存的野兽肆虐、动植物大战，生命将逐渐消失……

处于生存竞争弱势的动物消亡

人类突然消失后，全世界核电站紧急备用燃料将会在一周内耗尽，柴油发电机无法工作；随后，核反应堆温度过热、熔化，甚至爆炸，核污染将遍及地球、空气、河流和海洋。

核反应堆爆炸

处于生存竞争弱势与人类和谐共处的柔顺动物、家畜、家禽等圈养动物等都将消失；废弃的楼房成为老鼠的乐园，老鼠将转移到地面。在非洲，狮子、老虎等猛兽将统治广袤大地；摆脱了人类的长矛和枪炮后，非洲大象等物种将"香火旺盛"。

非洲将为猛兽所统治

人类离去后，大自然将重新接管地球。曾经繁忙的公路，将会杂草丛生，车辆几乎被灌木覆盖。

　　在乡村，人类耕耘的植物、农作物将消失殆尽，农田和农场必将加速"荒废"，原来丰收的庄稼地长满杂草、野菜甚至荆棘。

长满杂草的公路和废弃的车辆

荒芜的桥梁与农田

废弃的房屋长满了爬藤植物与苔藓，城市被植物所占领而惨不忍睹

　　人类一旦绝迹，生活停顿、社会秩序和进程不再维持；由于没有电力供应，城市陷入一片黑暗；人类现代文明的遗迹多数都会遭受天气、腐蚀、地震、动物、昆虫和细菌的破坏，都市的生态很快开始蜕变，土地改由动物占据；没有了空气污染，城市的墙壁上会布满青苔、霉菌、爬山虎、毒葛，几十年的时间内将会由于钢铁的腐蚀、植物根部毁坏和风吹雨打而倒塌；街道将会在反复的积雪融雪后碎裂，污水渠将会破裂，公路也将在环境和残存的动植物的侵蚀下破缺、断裂，杂草丛生；水和野草会从根基上腐蚀掉整个城市，建筑物慢慢倒塌成为废墟；地铁将首先被雨水淹没，地下水的

水位持续上升，摩天大楼、跨海桥梁饱受风霜侵蚀，逐渐断裂倒塌；不出一个世纪汽车便会腐蚀殆尽；蔓生的杂草将会因雷电而起火，继而使整个城市陷入火海。

地铁被水淹灭

建筑物慢慢成为废墟而倒塌

一两个世纪后，钢铁支撑起的现代文明彻底崩溃，金属物品或许能留下些许遗迹，世界只剩下半腐蚀的青铜制品，地球重返"青铜时代"；难以降解的塑料将是人类最耐久的"遗产"之一。繁华的大都市被自然瓦解，绿色植物和野生动物"侵蚀"人类的家园，树木开始繁茂，灌木丛生，荒草萋萋，大地再次铺陈绿茵，荒废的地球重又成为植物的乐园；鸟禽成群，蛙鸣四起，野兽肆虐，它们纷纷成为人类离开后的世界新主人。

钢铁支撑起的现代文明彻底崩溃

若干世纪之后，人类所有的文化记录——包括书籍、照片、电子数据都将消失殆尽，现代文明在地球上繁衍过的重要证据几乎全被抹除。或许只留下金字塔和万里长城坚守地球，使后来到访的外星人误以为地球的最后文明止于古埃及和中国的秦朝。

金字塔和万里长城或许仍会坚守地球

人类给地球造成的所有污染（海洋污染、空气污染、土壤污染、放射性污染、化学污染、酸雨等）、气候变暖，以及所有与人类现代社会如影随形的生态破坏，一一瓦解消除。人类消失后，在地球上遗留下的所有文明遗迹和生活踪迹都将随着时间的消逝而荡然无存！或者只留下难以追寻的考古的线索。虽然，地球没有人类，世界无法姿态万千；但是，地球失去人类将会更加宁静、洁净、美好！

地球失去人类将会更加宁静、洁净、美好!

几千年后，地球将会变回到史前蛮荒世界。

再以后？无人可以预料。

或许，野生生物以其生命力的强盛躲过劫难。它们的种族短时间内重新迅速生长繁盛起来，为地球的重整旗鼓吹响号角！

野生生物以其生命力的强盛躲过劫难，短时间内重新迅速生长

人类消失 10 万年后呢?

大自然总会填补"真空"。有研究人员在假设和畅想,狒狒或许会成长为一种新的智能动物,接替人类成为地球主宰?或者,地球如果爆发核战,唯一能生存下来的动物沙漠鼠,由于它们能够耐干旱、抗毒气,有能够在地球上大多数的陆地和岛屿上生存繁殖的能力,以及在面临外界对其繁殖数量大规模控制的压力下,仍能够持续存在的能力。从演化论角度,是否会开始以沙漠鼠为源头的新的一轮由简单到复杂、由低级到高级的演化过程?地球将会出现以沙漠鼠为特征的"鼠人"?

公元 10 亿年,不断升温的太阳将"烤焦"整个地球,海洋蒸发,也许只有一些昆虫和植物能继续生存。再过数亿年,地球可能变成毫无生命迹象的沙漠,被围困在炙热的大气层中。

月球上,由于没有空气和水的腐蚀,月球车、金属制品和脚印等人类残存的印迹,或许还可遗留到太阳系覆灭那一天。

自然重新开始选择,生物新一轮进化重新开启,地球文明又将开始启蒙?

2. 生物演化与自然的再选择

地球上的生物,无论长短都有寿命,有生必有灭,都会由初生经历蓬勃再趋衰老,直至最后的死亡,由新的生命所取代,一茬又一茬。个体生命如此,生物种群也不例外。据统计,生物史上物种的平均寿命是 275 万岁,生物灭绝是再正常不过的现象。地球生物史上,至少存在着 65 次全球性的重大生物事件,每次生物事件都含有这样三部曲:生物灭绝事件,短暂的间隔,辐射(爆发)事件。

第一部曲是生物灭绝事件。一批旧的物种突然灭绝了。它们原先占据的生态系统中的"生态龛"或"生态位"空缺出来，自然界生态系统原有的稳定、平衡、和谐的状态被打破，自然界出现短暂的不平衡、不稳定、不和谐的局面。

第二部曲是短暂的间隔，是生物辐射或爆发的孕育期。

最后一部曲则是新物种辐射或爆发事件，新物种将取代灭绝事物中消失的旧物种，填补被空缺出来的生态位，使自然界的生态系统重新恢复昔日稳定、平衡、和谐的可持续发展状态。

生物事件的三部曲持续的时间相当短促，而两次生物事件之间的进程却是非常漫长，爆发事件后的生命或生物的演化处于缓慢的"常规进化"阶段。

在生物史上，历次大灭绝事件中，遭遇最惨的门类往往都是动物世界中占统治地位的门类。6500万年前，地球上最强悍的恐龙遭遇大灭绝，才使得新生代的哺乳动物大爆发事件发生，随之也就有了人类的演化出现。因此，人类也不可能成为地球这个星球上永恒的主导。

地球的主人永远都属于创生众多物种和人类的大自然。

自然的力量是伟大的，被所有人视为死城的切尔诺贝利事故后的城镇，也在短短的 20 多年内，被大自然慢慢地改造成原本的样子。自然本身就是一个巨大的循环系统。说得难听点，人类的出现就好像自然染上的一种疾病，当人类这种可怕的疾病被治愈时，大自然将重焕生机。

到那时，人类会在哪里？是早已灭绝，还是少数幸存，抑或是演化成更能适应在地球生存的物种？在电影《后天》里，地球的自我恢复能力被描绘得超强，灾难仅仅持续了几天，地球便恢复正常，从而人类完全可以幸存。而在电影《未来水世界》里，一片汪洋中出现了因适者生存而进化的新兴人类，他们长着鳃和蹼。

这一切，既是人类美好奇特的梦想、希望、祈求，甚至是"改恶从善"的一种忏悔。毕竟，人类会留恋自己在地球上的曾经存在，怀念那曾经与自然和谐依存的美好岁月，珍惜人类一代代在地球上绵延不绝的繁衍，因为在这个地球上人类可能不只是一茬。

据报道，一个由美国和欧洲研究人员共同组成的 8 人小队，在南极冰洲上发现了三个类似金字塔的建筑物。其中有两座金字塔位于距离海岸 16 千米的地方，而第三座正好位于海岸边上。有意思的是，科学家们相信这些不明建筑物是人造金字塔。

众所周知，南极洲是地球上最为寒冷的地方，气候为寒带冰原气候，终年冰雪覆盖，全洲年平均气温为零下 25℃，内陆高原平均气温为零下 56℃，极端最低气温曾达零下 89.2℃；也是干燥、多风的极地，号称世界风库、极寒、极干。自然环境的严酷使之不适宜普通人类居住，只有适应寒冷的植物和动物如企鹅、海豹、线虫、缓步动物、螨、多种藻类和其他微生物，以及冻原植被能生存于此。南极洲没有永久定居人口，仅有一些来自其他大洲的考察人员和捕鲸人员。

然而，就在这样一个没有人烟的"白色荒漠"上，竟然发现了金字塔，怎能不令人感到震惊？

科学家们猜想，唯一可能建造出这些金字塔的人，只能是百万年前某个拥有高端文明技术的古老民族。而且当时的南极洲也许不是现在这样的"白色荒漠"，而是既温暖又生机勃勃。然而，能够就此推断，建造这一"金字塔"的那个年代，在南极这块大陆板块上确有人类生存吗？

由此科学家们接着假设，由于地壳的运动，以前的这块大陆沉到海底了，生活在这块大陆上的人类消失了，他们创造的那一茬史前文明随之毁灭了，但他们建造的金字塔却被保存了下来。再经过漫长的地质年代演化，地壳的变动使得这块大陆又浮升上来，位置恰好就在冰天雪地、没有人烟的南极洲。

让我们最为关心的是，未来的生物演化会使自然再一次友好地选择智慧的物种——人类吗？

3. 地球的再次生物演化，孕育出真正的"后人类"？

地球上最近的生物大灭绝发生在距今1.1万年前，古生物学家称之为"更新世灭绝"，这是哺乳动物中规模最大的灭绝事件。此后，人类的文明进程有加速现象。历经新石器时代、青铜器时代、铁器时代、工业时代进入现在的信息时代。这种加速是因为人类生活在一个动物种群贫乏的世界，最凶猛、最奇怪的动物在1.1万年前的灭绝事件中消失了，使得人类有了一个更适宜的世界；同时，人类的思维能力也得到迅速发展。"更新世灭绝"是人类能迅速进步的根本原因。那么，"更新世"灭绝事件之后的短暂间隔还将维持多久？新的生物辐射（爆发）事件已经开始萌动，未来的1000万年内必将产生一大批新的物种，接下来将要诞生的新物种会是什么呢？

有人推测，"未来与人争夺地球的是病毒"，那么，下一次爆发，诞生的新物种将会是新的细菌、新的病毒吗？

但是，人类文明进程的突然加速，将会是人类自身的一次演化飞跃，人类智能的大超越，这或许会给下一次的辐射（或爆发）事件带来一种全新的模式。那么，真正的因自然选择诞生的"后人类"又会是什么模样？

所有这一切，基于人类和生物赖以生存的地球依然存在，赖于地球经过休养生息恢复生态，重又积攒生命的"乳汁"来哺育生存于其怀抱中的所有地球生物。

而一旦地球在天体的演化中也遭受毁灭，比如太阳逐渐膨胀成红巨星，其膨胀体积超越地球绕太阳的轨道而将地球吞噬了，地球生物的生命根基将不复存在，那就真的一切都要灭绝了！地球曾有过的人类、繁荣、文明……就要依托迁移至外太空的那些曾经的人类——因科学技术发展得以改造的超人工智能的"后人类"，或者"基因改造"的"后人类"，去传承、繁衍了。

二〇一五年十月初稿
二〇一七年一月、六月补充修订
二〇一八年二月修订

注释：

① http://www.huashengjp.com/article-168952-1.html。

② http://beike.zx98.com/xffd/xfzd/201510/21945.html。

③崔征; CSR新闻，《WTO经济导刊》2007-04-11。

④沙漠化：参见网络、百度百科、文库。《互联网文档资源（http://wenku.baidu.com）》。

⑤世界人口：参见网络、百度百科。《互联网文档资源（http://www.360doc.com）》

⑥劳里·加勒特，杨歧鸣，杨宁; 逼近的瘟疫，《中国医院院长》2009-02-15

⑦孙万儒; 现实世界的微小造物主，《生命世界》2007-12-15。

⑧http://www.52qixiang.com/news/201508/23988.html。

⑨武文; 法国建筑师设计出未来的"诺亚方舟"，《中国海洋报》2008-07-08。

⑩Jie Zhang1, Youyou Yao1, Lei Sheng1 and Jing Liu; Self-Fueled Biomimetic Liquid Metal Mollusk，Advanced Materials，Volume 27, Issue 16, pages 2648－2655, April 24, 2015。

⑪环球网;《无人机》,解放军报2016-10-21。

⑫蜂群思维是一种集体思维，是指由许多独立的单元高度连接而成的一个活系统，是能同时进行感知和记忆的分布式内存，具有典型的自适应性特征。现常用于计算机和互联网领域。

蜂群思维一定超越了它们的个体小蜜蜂思维。它的神奇在于，没有一只蜜蜂控制它，但是有一只看不见的手，一直从大量愚钝的成员中涌现出来的手，控制着整个群体。它的神奇还在于，量变引起质变。要想从单只蜜蜂的机体过渡到集群机体，只要增加蜜蜂的数量，使大量蜜蜂聚集在一起，使它们能够相互交流。等到某一阶段，当复杂度达到某一程度时，"集群"就会从蜜蜂中涌现出来。蜜蜂的固有属性就蕴含了集群，蕴含了这种神奇。

⑬军工复合体（Military industrial complex；War industry complex），又名军工铁三角，是指由军事部门、军工企业、部分国会议员和国防研究机构组成的庞大利益集团，它的影响是极其深远的。

早在20世纪50年代，当时的美国总统艾森豪威尔便在其著名的"告别演说"中，告诫美国民众警惕"军工复合体"这头"怪兽"带来的危害。然而，随着时间的推移，美国的军工复合体不仅没有受到限制，反而一直在背后操纵美欧国家的政治、外交、军事和军事战略。

⑭模因，模因(meme)，名词。这个词是在1976年，由理查·道金斯在《TheSelfish Gene（自私的基因）》一书中所创造，我国学者何自然和何雪林于2003年将memes翻译为"模因"。是指在诸如语言、观念、信仰、行为方式等的传递过程中与基因在生物进化过程中所起的作用相类似的事物。根据《牛津英语词典》，meme被定义为："文化的基本单位，通过非遗传的方式，特别是模仿而得到传递。"音译：媒母，米姆，谜米，弥母，模因，拟子。

模因是指文化传播中的源头物，作为模因现象的起源。模因（meme）用了与基因（gene）相近的发音，表示"出自相同基因而导致相似"的意思，故模因指文化基因。如果把这种现象类比为基因的复制（实际上道金斯就是用基因复制来解释生活中的一些规律）就会比较容易理解。基因复制有一个模版，这个模版在模因现象中就是模因。

⑮方唐，后人类社会猜想，2011年，来自网络。

⑯借用。股票中的"乌龙指"是指股票交易员、操盘手、股民等在交易的时候，不小心敲错了价格、数量、买卖方向等事件的统称。